在日本，本書部分版稅將捐予貓與人類腎臟病研究等之費用。

（台灣．編按）本書繁體中文版出版時，台灣已引進利用宮崎徹教授的ＡＩＭ研發為基礎所生產的各式貓用食品及保健品。

貓如果能活到三十歲

・・・

能夠治癒無數喵星人的
蛋白質「AIM」世紀研究

前言

人類的醫生挑戰貓用藥

本書整理了能夠醫治現今醫療被稱為「無法治癒」疾病之分子——「AIM（Apoptosis Inhibitor of Macrophage）」的發現，並用以將其活用於實際醫療當中的研究過程。

筆者是治療人類疾病的醫生。

既然如此，為什麼書名會是《貓如果能活到三十歲》呢？那是因為將AIM成功活用於疾病治療上的最初案例就是有腎臟病的貓。

大多數有養貓經驗的人應該都知道，幾乎所有的貓年紀大了就會得腎臟病，大多在死前也會經歷漫長的痛苦。這點對於愛貓人來說應該算是無可避免又令人哀傷的事實。

那麼——為什麼會有這麼多貓患上腎臟病呢？在獸醫學領域當中，這長久以來都是個謎。

其實，腎臟病對於人類來說也是「不治之症」，許多患者都深受其折磨。然而，一直以來，並行推進人類與貓之ＡＩＭ的研究過程中，所有人都認為「無法治癒」的腎臟病，卻逐漸看到了治療的可能性。

而且，目前已發現ＡＩＭ並非只對人類與貓的腎臟病有療效，對於人類的阿茲海默症、肝癌、代謝症候群（Metabolic Syndrome）等眾多疾病都具有治療的可能性。

在人類的醫療中，要將新型治療法予以實用化，需要耗費漫長的時間。於此同時，成長與老化速度都比人類更快的貓在製作新型藥劑、確認其效果與安全性的時間，相較之下都是可以大幅縮短的。

而且，目前已有許多貓深受腎臟病所苦。於是筆者就想到了——「這樣的話，就先從貓的腎臟病治療藥開始做起吧」——這就是本書的大致脈絡。

不過，我是人類的醫生，也不是藥劑的研發人員。要將新研發的藥劑製造出可供全日本的貓使用的量並使其流通，這將會是龐大的商業規模。對於實業領域毫無經驗的我來說，等待在前方的是一道又一道難以跨越的門檻。

儘管如此，在多方人士的認同與協助下，貓腎臟病治療藥的實用化已近在眼前。就在此時，新型冠狀病毒全球性地擴散、蔓延，進度被迫原地踏步（反過來說為了預防新冠病毒所造成的重症化，也變得能夠進行活用ＡＩＭ的研究）。

我現在透過本書想要讓世界知道的是，透過ＡＩＭ的研究，除了貓的腎臟病，一直以來被認為「無法治癒」的人類疾病，在治療上終於看見了希望的曙光。

為了驗證這點，必須將貓的腎臟病治療藥予以實用化。

若能夠治療腎臟病的話，貓的壽命將有可能延長到現在的兩倍、達到三十歲的程度。更重要的是，未來的眾多飼主（主人）們將可不用再看著愛貓忍受漫長的痛苦了。

為了早日實現這種未來世界，我想要盡可能地讓更多人知道ＡＩＭ是怎麼樣的分子、其活用會如何改變人類與貓的未來。

ＡＩＭ蘊藏著大幅改變人類與貓壽命的可能性，如此革命性的分子發現正邁向實用化，希望翻開此書的您能夠一起走完這漫長的未來旅途。

目次

序章

從「餘命一週」復活

驚人的報告

二〇一六年一月某日，我研究室的電話響起。打電話過來的是一直協助我進行研究的岡田優紀獸醫師。

「宮崎教授，小雉站起來了！」

電話那頭的岡田獸醫師的語調聽起來有些上揚。

小雉，就如其名，是隻褐色茶底虎斑紋的貓，年齡為十五歲。貓的壽命平均為十五歲左右，所以牠已相當高齡了。不僅如此，牠還處於無計可施的腎衰竭末期狀態。連自行進食都沒有辦法，只是一直閉著眼睛睡覺的狀態下，牠住進了動物醫院。

對小雉開始投予「ＡＩＭ」是在電話打來的五天前。

投予給小雉的ＡＩＭ是在我研究室所精製過的。不過，將ＡＩＭ對生病的患者使用，這在所有動物的範疇當中則是第一次。這是由於小雉已經被診斷「只能再撐一週左右」，而飼主也表示「總比什麼都不做來得好……」同意了ＡＩＭ的投予。

老實說，我自己對於向罹患腎衰竭末期的貓投予ＡＩＭ，原本也不覺得會有什麼戲劇化的效果。

為什麼呢？因為腎衰竭末期的話，幾乎已經沒有正常具功能的腎臟組織。原本所預想的狀況是，即便在ＡＩＭ作用下，也很難恢復已喪失的腎臟機能。

不過，在對緊閉雙眼熟睡著的小雉從頸部靜脈注入一天2mg的ＡＩＭ後，狀況在第一次注射後便不斷好轉。等到打完第五劑，據說就變得能夠站起身並四處走動，還能夠自行進食。

我還在對電話裡的報告半信半疑時，岡田獸醫師就傳來小雉當時模樣的影片。

的確，脖子上還插著注射ＡＩＭ用留置針的小雉，眼睛炯炯有神，充滿活力地四處活動著。影片中間還記錄到像是準備要跳上高桌

從餘命一週又站了起來的小雉（照片提供：岡田優紀獸醫師）

的動作。簡直叫人不敢相信，牠在ＡＩＭ投予前還是那麼虛弱無力地沉睡著。

就連當時已持續研究ＡＩＭ長達二十年的我，親眼看到小雉四處活動的影片時，也還未能正確掌握到底發生了什麼事。

但是，有一件鐵錚錚的事實——那就是胸懷著「想要治療『不治之症』」夢想而持續研究著的ＡＩＭ，讓已被宣告「餘命一週」的貓站了起來。

向「不治之症」發出的挑戰

像在「前言」中也曾提過的，我是以治療人類疾病為工作的醫生。原本是在治療患者的臨床現場，但後來走上了探究疾病原因與治療方法的基礎研究之路。

之所以轉換跑道成為研究者，是出於身處臨床現場的期間，看到太多無法治療的疾病，面對無法去除患者痛苦的現狀，想要努力改變如此情況的念頭。

絕大多數的患者都視我們醫生為「會治療自己的疾病之人」，而寄予全盤的信任。

然而，現實中存在著大量以現代醫療所「無法治療的疾病」，醫生只是施以盡力延緩惡化速度的對症療法，像這樣的情況並非少數。我們醫生雖然將之稱為「治療」，而病情有可能處於未繼續惡化的狀態，卻也絕非朝著改善的方向變化。

在臨床現場，我所體認的就是，「不治之症」之多以及得病的原因，是因為我們對許多發病和發展的機制都還不清楚。如果不知道為什麼會生病的話，就根本想不出治療方法。這樣的話，對於那些信任我們醫生的患者，不就沒辦法用治療這件事來回應對他們的信任了嗎？

若是這樣的話——「我希望能對『人為什麼生這個病？』的最根本的部分來挑戰」——就是我轉換跑道成為基礎研究者的理由。

然後，就選擇了看起來和「不治之症」最多相關的免疫學作為我的研究專長領域。

免疫是人類保護自己身體不受外敵傷害的機能，而一旦失控，反而變得會傷害自己的身體時，就會成為束手無策的存在。因此我便想著，若能夠完整解開「保護自己」的機制，或許就能獲得有關於「不治之症」的線索。

然而，即便投身基礎研究的世界經過十年、二十年，儘管有做出一定程度的研究成果，但我絲毫不覺得有靠近當初所設定的「治療『不治之症』」目標。

除了作為研究者成長外，若要到達自己的目標，很明顯地，還需要某種突破。

與貓的相遇成為突破契機

讓腎衰竭末期的小雉站起來的ＡＩＭ分子，是我開始進行基礎研究後不久所發現的蛋白質，這種蛋白質以高濃度的狀態存在於人類血液中。

當然，我當時並非是在進行找尋ＡＩＭ的研究，不過是在實驗的過程中偶然發現而已。而且，還是一種「在人類體內有著什麼樣的作用，做了許多調查後也仍搞不清楚」的棘手蛋白質。

進行醫學研究時，就會遇到存在於人類體內的各種物質，其中搞不清楚在人體內有什麼作用的物質要多少有多少。由於並沒有太多時間一一調查，研究者通常就只會進行可能與自己的研究專長領域有關聯的研究。

不過，我就是莫名地在意ＡＩＭ。

之後，我發現到ＡＩＭ不僅僅在人類的體內，在許多動物的體內也共同存在著。

然後也發現到其中只有貓的ＡＩＭ是特殊的存在。不過，我原本是研究人類的疾病，所以當時並沒有打算針對貓的ＡＩＭ深入調查。

就在這時，我偶然地遇到了兩位獸醫師。

我從當時開始確信：一直以來被視為不可能治療的人類疾病，與ＡＩＭ有著深切的關聯。就如後面會提到的，「不治之症」中折磨最多人的就是腎臟病。

藉由與兩位獸醫師的相遇，我才知道幾乎所有的貓老了之後都會患上慢性腎臟病。

貓的腎臟病如人類一樣也是無法治癒的。慢性腎臟病會耗費人生中漫長的時間並逐漸惡化。因此，許多貓飼主都必須眼睜睜看著愛貓承受漫長的痛苦。這點也與看到家人罹患腎臟病的人類是一樣的。

若是將人類ＡＩＭ的研究成果應用到貓身上的話，或許就有可能為貓腎臟病開拓出一條治療之道。當我這麼想時，就決定與獸醫師合作一起推進研究。

當然，貓的ＡＩＭ研究也不是件簡單的事。就如前所述，動物體內所具備的ＡＩＭ中，只有貓的ＡＩＭ是特殊的存在。

然而，正因為其特殊性，才能夠究明ＡＩＭ在體內的作用。而且，與人類相比，貓的成長老化速度快上數倍。在人類的醫學研究中，要搜集有效的臨床數據耗費五年、十年都是稀鬆平常的事，若是貓的話，同樣的數據只要幾個月就能取得。

因此，藉由貓的研究中所得到的結果進行反饋，也大幅加速了人類ＡＩＭ的相關研究。

與貓的相遇，讓我苦心鑽研的研究帶來了突破。

在開始與獸醫師的研究時，雖然確實有「想要救貓」的動機，不過作為研究人類醫療的人來說，其實也有「繞遠路」的感覺。

現在回想起來實在是有點傲慢。不得不說，藉由ＡＩＭ研究所受到的恩惠，與貓相比，受惠的反倒是我。

從今以後，ＡＩＭ若能夠促使人類醫療的進步，而變得能夠治療「不治之症」的話，那也是貓帶來了研究突破的成果。

第一章

從臨床轉往基礎醫學的世界

就算施以教科書的「治療法」也無法治癒的疾病

講述ＡＩＭ如何改變人類與貓的生活之前，請先容我說明我是如何以研究者的身分與ＡＩＭ這種血液中的特殊蛋白質輾轉相遇的歷程。

我從臨床醫師轉向成為研究者，是因為「想要治療『不治之症』」，而了解到現代醫療所無法治癒的疾病有如此之多，則是在以住院醫師的身分參與患者的診療時體會到的。

我在一九八六年春天從東大醫學院畢業取得醫師執照後，就直接成為東大醫院內科（第三內科）的住院醫師。

現在住院醫師會有五年的訓練期，在那段期間除了內科、外科，幾乎都會參與所有診療科別的訓練，再從其中決定自己的專科領域。而在我那時代所採用的機制是：在醫學院畢業時先決定內科或外科等科別，再以該診療科別為主進行兩年的訓練。

以東大來說，訓練的第一年，大家都會在東大醫院裡工作。等到第二年，若想要自行尋找訓練地點的話，也可以在外部的醫院進行訓練。

當時，我希望到外部的醫院，於是在第二年決定到位於東京都小平市的公立昭和醫院的內科與急診科擔任住院醫師。

大學醫院大多是較長期的入院患者，因此可以仔細地對患者進行診療，而在市裡的第一線醫院則會送來各種急症患者，更能夠累積許多豐富經驗。

不過，當時的工作非常辛苦。因為急症患者多，所以就連周六與周日也沒辦法休息。我一個月裡有二十五到二十八天是睡在醫院，但值班室很小，所以最後是將醫院內的儲藏室打掃到能夠使用的程度，然後連家都不回地睡在裡頭。

這並不是醫院所下令要求，完全是我自主的行為，而且並非只有我這麼做，一起工作的住院醫師們也是如此——想要盡可能地長時間陪伴自己所負責的患者，或是只有一個人也想要爭取更多可以親自診療的機會，藉此來磨練身為醫師的技術。

另一方面，作為住院醫師在現場為越多患者看診，尤其在內科領域，就越常面臨到「不治之症」何其之多的事實。作為學生在大學裡學習醫學的期間，根本沒有想過實際上無法治療的疾病有這麼多。另外，在內科的教科書中，會清楚寫著「這種疾病就要用這種治療法」。

不過，實際上一站到臨床的現場，遇到罹患即便施以教科書所寫的「治療法」也不會好轉的「不治之症」患者，也根本不是什麼稀奇的事。

而在結束兩年住院醫師生活後，進入東大醫院的第三內科，在消化內科開始上班後，每天所不得不面對的是：與會送來急症患者之住院醫師訓練時的醫院相比，多半是慢性且病狀嚴重的患者。

不過，通常若聽到「不治之症」，幾乎所有人腦中應該都會浮現癌症吧。然而對於癌症，即便是在一九八〇年代當時，也有像是化學藥物治療、放射線治療和尚在早期開發階段的免疫治療等的療法，所以並非沒有治療法，而且如果能夠以手術完全去除病灶的話，也有機會完全治癒。

但是，仍有許多靠現代醫療也無法完全治癒的疾病。

折磨一千萬人以上的腎臟病

其中令我感受特別強烈的就是「腎臟病」。

人只要還活著，身體的各種臟器就會形成大量的老廢物質。就如同生活中一定會產生垃圾。

老廢物質會被排放到血液中，而腎臟就擔負著將含有老廢物質的「髒污血液」淨化的任務。

當髒污的血液進入到腎臟後，就會藉由名為「絲球體」——像是安裝在廚房水槽排水口之濾網般的膜（稱為「絲球體過濾膜」），僅過濾掉小型老廢物質後作為尿液加以排出。另一方面，使身體所需的白蛋白等蛋白質繼續保留下來，並將血液淨化後再送回到全身。

從絲球體會延伸出可再次吸收礦物質與糖的「腎小管」，從該處繼續經「集尿管」、「輸尿管」最後抵達膀胱。由此其中的絲球體與腎小管所組成的單元稱為「腎元」，而腎臟大約是由一百萬個腎元所構成的。

由於有一百萬個之多，所以就算當一個或兩個腎元壞掉，也不會對整體腎臟機能造成影響。然而，如果許多腎元一口氣壞死，或是腎元一個又一個地慢慢損壞，最終變得大半的腎元都無法發揮機能的話，就會變得無法順利過濾血液中的老廢物質，身體狀態就會惡化。

許多腎元一口氣壞死的情況稱為「急性腎衰竭（Acute Kidney Injury；AKI）」，緩慢壞死到大半腎元變得失去機能的話則稱作「慢性腎臟病（Chronic Kidney Disease；CKD）」。

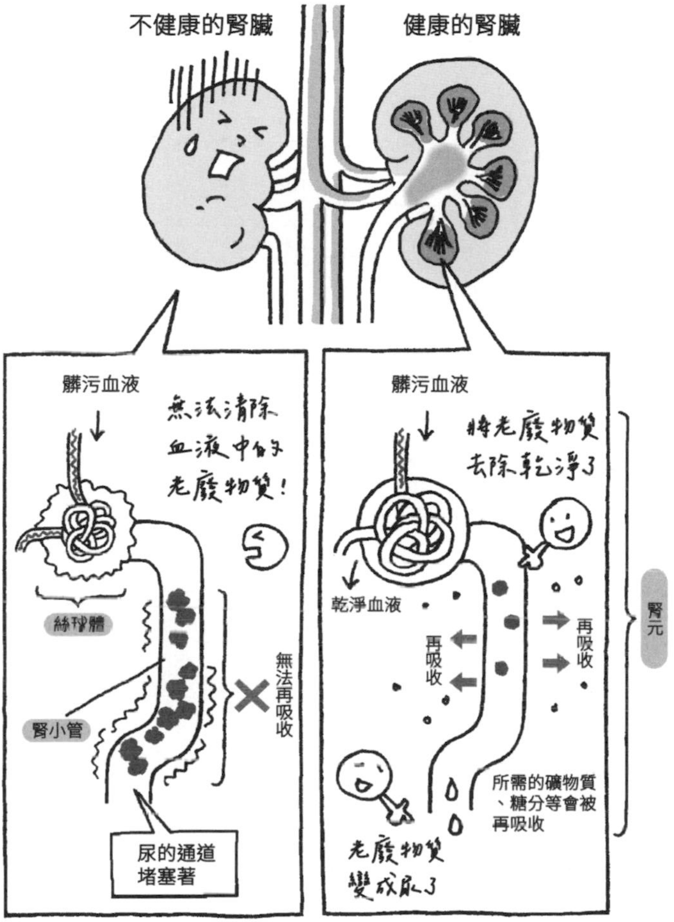

腎臟的作用與腎臟病的機制

急性腎衰竭（ＡＫＩ）是以交通事故、藥物中毒、腎炎等各種情況為契機而發作，患者腎功能急速降低的狀態，會導致身體的各種機能失調，而呈現嚴重的症狀，所以在急救現場遇到ＡＫＩ患者的場面絕不在少數。

然而，並沒有藥物或方法可以將惡化的腎臟變好，只能夠施打點滴追蹤情況，等待自然改善。在等待自然改善的過程中，有的人自然而然地就會好轉，而有的人則未見改善而死亡。至今仍未究明是什麼在劃分生死的命運。

另一方面，慢性腎臟病（ＣＫＤ）則是會伴隨著高血壓、糖尿病或腎臟發炎等的基礎疾病，花上十年到數十年的時間讓腎臟一點一滴地逐漸惡化，而慢慢變得無法過濾血液中的老廢物質。最後，大量老廢物質會作為有害的尿毒素而蓄積於體內，而最終演變成致死的腎衰竭末期。不過，即便如此對於腎臟本身還是沒有任何直接的治療法。

所以，一旦腎功能開始降低，就只能夠一邊進行基礎疾病之高血壓或糖尿病的控制，盡可能地不對腎臟造成負擔去抑制腎臟惡化速度，然後追蹤情況。

儘管如此，病情遲早還是會朝惡化進展。而當腎功能降低到無法維持生命的程度時，就必須要依靠人工透析來去除血液中的尿毒素才行。

但是，遺憾地說，人工透析不過只是以機械來代替失去作用的腎臟，並非是已惡化之腎臟的積極性治療。

順道一提，現在罹患CKD者在日本國內有一千三百三十萬人，占成人人口的百分之十三，正在接受人工透析的人達三十三萬四千五百零五人（引用自日本腎臟學會「二〇一二年CKD診療指引、日本透析醫學會二〇一七年底發表的「我國慢性透析療法的現狀」）。

「自體免疫疾病」也與腎臟病同樣沒有確實的治療法。

所謂的自體免疫疾病，是指我們原本為了與細菌或病毒等外敵戰鬥而準備的免疫系統，因為搞錯了什麼而攻擊自己的臟器或組織，並可能

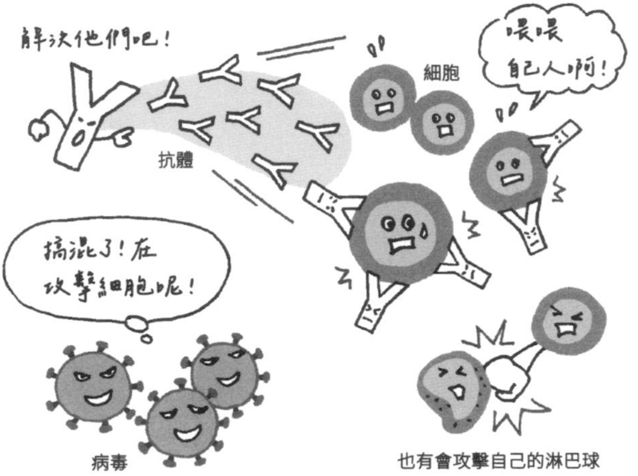

自體免疫疾病

會致死的可怕疾病。

依其攻擊臟器的不同，與所呈現的症狀而被詳細分類，各自被取了不同病名。當那種患者因初診而來到醫院後，會花時間進行大量檢查，然後雖然診斷出病名，但結果卻沒有根本性的治療法，只能藉由免疫抑制劑與類固醇，將自身過度旺盛的免疫系統完全壓抑下來。

在患者體內，由於只是特定的免疫細胞在失控攻擊自己的組織，所以只要將其壓抑下來就好，但目前尚未找到只鎖定失控中的免疫細胞加以治療的方法。

然而，若抑制所有的免疫細胞的話，便無法保護身體免受免疫原本所要對抗的細菌與病毒侵襲，而變得容易罹患各種傳染病，如果一不小心反而有可能傷及性命。

也就是說，抑制所有免疫系統是會伴隨嚴重副作用的對症療法，並非對於自體免疫的根本性治療法。

不僅如此，說起來不管腎臟病還是自體免疫疾病，為什麼會引發這些疾病？為什麼一旦發作了就無法恢復而是繼續進行？其原因與機制仍未被究明。所以除了對症療法以外，可說是沒有治療法的。

其實並沒有想過要當醫生

作為醫生參與臨床就是會直接面對這樣的心理糾葛，但老實說，我到大學入學考試前，從來都沒有過「想當醫生」的念頭。

島原市的風景

一九六二年三月時，我出生於長崎縣島原市。

島原市距離縣政府長崎市有一小時以上的車程，是處風光明媚的鄉下。我在這自然資源豐富、綠意盎然的地區，整天與朋友騎腳踏車到處玩耍，度過了鄉村牧歌式的孩童時代。

到了十五歲，我進入了鹿兒島縣的高中。

此高中是匯集來自全國之學生的升學名校，剛入學時因首次離開父母的宿舍生活而變得很想家，也曾因學校授課的程度太高而跟不上，過得相當辛苦。儘管如此，當與相同處境的同學融為一片之後，每天就變得都很開心，也開始能夠專心於學業了。

不過，三年的高中生活期間，我一直都沒有想像過升大學以後的未來。

我之所以這麼說，是因為我的老家從明治初年便是代代相傳的藥品批發商，身為長男的我原本就是打算要繼承家業的。因此，便想著如果高中畢業後要升大學文組的話就是經濟學院，理組的話就以藥學院為目標。

在這過程中我開始覺得自己比較適合理組，所以大學的選填志願最終也就落在藥學院。到了三年級，在我的一番努力下也逐漸提高了成績，所以便打算報考東大藥學院理II（理科二類）的入學考試。

不過，到了三年級的秋天，父親卻突然說出：「考理III（理科三類）去上醫學院」。父親從來沒有對於我的人生規畫說過什麼，所以我對此非常訝異，就算問他理由也都不肯回答。

據母親的推測，或許是在當時的鄉下，身為藥品批發商社長的父親，總是處於要對醫生彎腰低頭的立場吧。因為一直以來都被醫生們採以上對下的態度而覺得非常不甘心，或許曾經有過這樣的事情，但我也不知道母親的推測是否正確。

雖然進行多次交涉，但父親始終不肯讓步，最後是我先無法堅持而變更了志願。如此決定之後，我便想著為了回應父親的期望而更發憤苦讀，最後總算考上了理III。

一九八〇年，我為了上大學而來到東京。

或許因為直到考前都完全沒有「想當醫生」的念頭，覺得醫學院的課程一點都不有趣。當時不同於現在出席點名非常嚴格，也沒有動不動就要考試什麼的，就算蹺課，只要有參加實習就能夠輕易取得學分。

在我對大學課程提不起興趣時，讓我深深陷入其中的是音樂。甚至令我認真煩惱過是否要放棄醫學院重考音樂大學的程度。

當時我曾想成為交響樂團的指揮，也曾直接打電話給小澤征爾[1]老師請他收我為徒。當時個人資訊外流情況嚴重，所以一介學生就能夠直接聯絡上「世界的小澤」。

結果我被介紹給他弟子的弟子，用一年的時間學習了小澤老師母校桐朋學園的創辦人之一齋藤秀雄所構想出的齋藤式指揮法。不僅如此，也在報紙或雜誌的讀者欄招募會彈奏樂器的人，創立私設交響樂團並擔任指揮。

對於醫學的興趣是起於某位研究者

那樣的我終於開始對醫學有興趣是受到某位研究者的影響。

東大醫學院有「自由學季（Free Quarter）」的制度，三年級暑假的

1 世界知名的日本管弦樂指揮家。曾在波士頓交響樂團擔任音樂總監，也在維也納國立歌劇院擔任過首席指揮。

二〇〇八年的藤田恒夫教授（左）與筆者（右）

一個月，可以在自己喜歡的研究室進行初步的研究。是為了讓學生對於醫學基礎研究產生興趣的系統。

醫學大抵上可以分成「臨床醫學」與「基礎醫學」兩種。臨床醫學是在醫院為患者進行診療的類型，就讀醫學院的話，大多會從事診療。另一方面，基礎醫學的工作是研究生命現象的謎題與疾病的原因。

自由學季的研究在任一所大學的研究室（包含東大）都可以進行。我在那一年夏天前罕有地出席解剖學課堂，聽到了新潟大學藤田恒夫[2]教授的特別課程後，便想要接受教授的指導。於是，便寫了明信片給教授詢問自由學季時是否可以前去打擾，然後獲得其欣然允諾。

接著，在新潟的一個月期間，我與基礎醫學的距離大幅地拉近。

說起來吸引我的並不是研究的內容。總是翹課的我，根本不可能理解教授的研究內容。

對於藤田教授彷彿藝術家般的思想與氣質，還有更重要的是對於自然的敬畏之意，讓我有「啊，這就是所謂的研究者嗎？」的深刻感動。

音樂之都維也納的方言中有「Musizieren（演奏音樂）」這個詞，我對朋友談到藤田教授時，總是仿效此字對教授研究的態度偷偷以「Naturieren（演繹自然）」這個造語來形容。

藤田教授曾一邊用電子顯微鏡觀察正常細胞一邊讓我窺看，問我：

2 日本解剖學、內分泌學者，也是一般社團法人日本筆會的會員。

「如何，很美吧？」接著又讓我看癌細胞，「髒髒的吧？正常的生命實在是很美啊。就像是美妙的音樂一樣。不過生病的細胞就像是不協和音的集合體，一點都不美。」我清楚地記得，他曾經感慨良多地如此對我說過。

那段話即便到現在也仍是我研究的根底。

結束自由學季從新潟回來後，接著就開始臨床實習了。不同於背誦教科書的內容，是能夠在醫院裡實際參與患者診療的實習，這讓我覺得非常有趣。先前一度傾向於研究的心情，又被吸引往臨床的方向了。

接著等到從醫學部畢業而實際站在臨床的現場後，這次卻又被「不治之症」之多給震撼到了。

第二章

研究的修行時期

尋求根本的治療方法……

在醫療中讓「可治之症」能夠更好地被治癒是很重要的。為現有的藥物改良或新型手術所做的努力便屬於此一類型。而抱著「拯救一個人也好」的想法使「可治之症」變得可以被治癒又更重要，且也是目前的社會所期望的。

在實際的醫療現場，有許多「不治之症」，而且無法治療的主要原因之一是不了解疾病的發生與發展機制本身，察覺到這點的我便有了強烈的念頭，希望有一天能夠研發出對於「不治之症」的根本性治療方法。

我決定暫時離開臨床，轉而積極進行免疫學的基礎研究。

之所以選擇免疫學的理由則是，在像是可以代表「不治之症」這個詞的兩種疾病中，自體免疫疾病毫無理由地列為其一，而其二，慢性腎臟病明明也沒有細菌或病毒源頭，但炎症卻持續不斷導致腎臟一點一點的壞死，從此而言，這果然可以認為是與某種免疫機制間有所關聯。

當時的基礎醫學主要是透過使用培養細胞的實驗，來進行疾病的研究。此稱為「Vitro（試管）研究」。

然而，我作為醫生，是以「疾病如果不以全身作為全盤考量就無法理解」的想法在面對著患者，便思考著：難道沒有以生物體全身作為對象的手法〔此稱為「Vivo（生物體）研究」〕嗎？

當時有種解析基因與疾病之關係的研究方式，是將小鼠身上與疾病的發生可能有關的特定基因改造，再觀察該小鼠的整個身體，當我得知如此手法存在時，心想「就是這個！」。

雖然基因改造技術到現在已逐漸成為一般常見的研究方法，但在一九八〇年代的日本，基因改造技術還處於剛起步的階段，整個日本也只有少數的機構在進行著。

而當時最活躍的就是熊本大學的山村研一教授的研究室。

因此，我便決定於一九八九年春天進入熊本大學的研究所，求教於山村教授門下。

讓人想逃離的熊本歲月

在研究的方向性上，我的確沒有任何迷惘。只是，一直以來都只有臨床經驗的人，一下子就進入了最尖端基礎研究的研究室，理所當然的，連進行研究所需的實驗技巧——最基本的「ＡＢＣ」都不懂，一開始什麼實驗都做不好（來到這裡，我遭受到了大學時代總是翹掉授課與實習的報應）。

我幾乎每天在研究室裡都會犯下誇張的失敗，甚至還在白板上被寫下：「有做了這種事的人，請注意喔。」

我是以自體免疫性糖尿病（第一型糖尿病）為研究題目，因此每天必須要幫至少兩百隻以上的小鼠做尿液檢查。

每天都趕著做尿糖檢查，在小鼠室以試紙抵著小鼠的尿道到深夜，真的是眼淚差點都要掉下來。而且，試紙是人用的大小，直接用就「太浪費了」，所以被吩咐要裁成七片來使用。也有過貼在小鼠尿道前先將試紙裁成小片排列在桌上，隨即就被空調的風吹飛，而得要追著到處跑的經驗。

雖然每一天都很辛苦，但也確信著——為了治療「不治之症」，在這裡進修習得技術是絕對有必要的。

不過，這裡一直都不怎麼讓我做基因改造的實驗。雖說如此，這也不是被故意刁難，只是要學習那技術的話，我的相關技術經驗還太過淺薄的緣故。

來熊本之前，我是以臨床醫師的身分每天對患者進行診療，時常被「醫生、醫生」叫著並被依賴著。而作為研究者，如字面意思，我完全是超級門外漢，所以就必須要從最基礎、最入門的訓練開始學起。即便同樣都是醫生，在臨床與基礎研究領域就是有如此大的差異。

所以，就想著「至少要嘗試努力到能夠學習基因改造技術為止」地一直強忍著。

現在回想起來，每天的尿糖檢測是只有透過不斷重複才能夠學會、作為研究者的基礎。像基因改造那樣高深的實驗技巧，如果沒有確實具備作為基礎的實驗技術的話，是根本無法學會的，後來漸漸地才切實感受到這點。

讓我能夠忍受在熊本大那痛苦的每一天的另一個理由在於——山村教授的高尚品格。

去熊本約一個月後，對於只有尿糖檢測的每一天，我的內心已受挫到快要放棄。那時候，在研究室旅行下，大家一起去山村教授位於鹿兒島霧島的別墅。剛好，我與山村教授比較早抵達，就變成只有我們兩個人在別墅裡，所以在那當下我就打算說出：「打算離開研究所回去了」。

我一邊衡量著說出口的時機一邊討論著研究的話題，而山村教授卻

二〇一一年的山村研一教授（左）與筆者（右）

樂此不疲似地不斷對我說出各種構想，也對於我研究上的想法非常感興趣地專心傾聽。

因為持續著這樣的話題，而我怎麼都說不出「想要放棄」的這段期間，我的想法也轉變成：「在這位老師的門下，再努力一下吧。」

幾年後，與山村教授談到這時候的事，教授說出：「所以我才故意不斷開心地聊研究的話題」，我才知道當時自己的心思早已被看透。山村教授就是這樣的人。

以恩師交付的題目，首次執筆的論文便登上《自然》

如前所述，山村教授最初交付給我的題目是關於自體免疫性糖尿病的研究。

所謂的自體免疫性糖尿病是，人體免疫系統因某種原因攻擊存在於胰臟的β細胞，而導致β細胞無法正常產生胰島素的疾病。胰島素有著幫助將血液中之葡萄糖吸收至細胞內的作用，所以當β細胞被破壞的話便會變成總是處於高血糖值的狀態，也就是罹患糖尿病。

此題目在山村研究室也算是重要的課題之一，從以前便開始進行研究。在我前一任的負責人是從熊本大醫學院被派遣到山村研究室的前輩醫師，我正好在那位醫師返回醫院後進到研究室裡，所以就變成由我來承接研究。

我立志從事免疫學的基礎研究，所以能夠負責自體免疫疾病相關的題目算是相當幸運。

一邊忍耐著持續只做小鼠尿糖檢測的痛苦，也一點一點變得開始會進行其他實驗，後來，總算是學會了研究所需的基礎技能，而變得能夠學習基因改造技術了。而透過活用該技術，也順利取得了好幾個新題目。

當山村教授判斷已湊齊可統整出此計畫之全貌的成果後，便指示我撰寫論文。以前從事臨床工作時沒時間進行研究，所以這就變成我首次執筆的論文。

好幾位研究者承接延續同一個題目，在研究的世界裡是常有的事。而在要將研究成果彙整成論文的情況下，最後的負責人便會成為「第一作者」，負責執筆與論文內容的相關責任。

若是一般的研究所，根本不可能讓我這樣的一年級生擔任論文第一作者。因為幾乎所有的研究所一年級生都是在指導教授的身邊，擔任研究的「助手」，所以論文的第一作者自然是教授，而研究生光是能夠將名字掛在作者一覽的尾端就已經是莫大的榮幸了。

然而，山村教授卻是從研究所第一年就交付我獨立的題目。不過，這並不是專屬於我的特別優待，而是其他研究生們也都一樣，對每個人都給予獨立的題目是山村教授的主意（當我日後擁有了自己的研究室以後，也一直承襲著山村教授的主義此一作法。）

當時，使用小鼠的基因改造技術是非常先進的，而將其應用在自體免疫性糖尿病，如此山村教授所構思的題目非常地富有新意。最後的實驗結果不僅非常有趣，加上山村研究室正處於乘著時代浪潮的時期，所以在我統整成論文後，事情就演變成打算要向英國知名科學雜誌《自然》投稿了。

當然，並不是投稿之後就保證一定會被刊載。因為《自然》是世界上最具權威的科學雜誌之一，對於研究者來說能在上頭刊載論文，以棒球而言就好比在大聯盟正式比賽中成為勝投投手一樣。

不過是日本學生聯盟菜鳥的我，明明原本不可能會有在大聯盟比賽投球的機會，不僅如此還要拿到勝投，這根本連萬分之一的機率都沒有吧，雖然我當時抱持著這種想法，但驚人的是在一九九〇年三月，那篇論文登上了《自然》的雜誌封面。距離我敲響山村研究室的門，正好是一年後的事。

事實上，在英國與澳洲都各自有知名免疫學者的研究團隊，將與我在山村研究室所被賦予、近乎相同題目的論文，幾乎是同時向《自然》投稿。也就是說，此題目在免疫學的世界是熱門的議題。因此，我所撰寫的論文才會迅速地被自然編輯部所受理，而以與英國、澳洲研究團隊之論文三篇並列的方式被刊載。

《自然》所刊載的論文內容是，對於當時只有施打胰島素這個療法，且連疾病的機理（發生與進行的機制）也幾乎完全未知的自體免疫性糖尿病，究明了其中一個原因。因此，影響非常強大，可說是成為了之後自體免疫性糖尿病研究的一項指標。

在刊載了我們論文的《自然》上，同時刊載了知名學者對於那篇論文的極長評論。另外，也與同時獲得刊載的英國研究團隊的論文，一起被世界上歷史最悠久的日報（即英國《泰晤士報（The Times）》）大篇幅報導。

研究所一年級生初次撰寫的論文就獲得自然刊載，這種事情應該找遍全世界都不會有相似的例子吧。

之所以發展成如此特別的事態，當然絕不是因為我出類拔萃的優秀，而是好幾層的幸運疊加起來罷了。

在我被賦予這個題目之研究後的短短幾個月期間內，剛好實驗出現了有意義的結果，而藉此蒐集齊全足以作為計畫總結的充分證據，這或許就是「新人運」也說不定。

另外，在幾乎相同的時間點，英國、澳洲的研究團隊也向《自然》投稿相同題目的論文也起了正向作用。因為複數團隊同時做出相同結果的話，對於其內容的信賴度也會變高。

此研究是山村研究室長年累月傳承下來的，只是剛好在我擔任負責

nature
INTERNATIONAL WEEKLY JOURNAL OF SCIENCE

Direct evidence for the contribution of the unique I-A^{NOD} to the development of insulitis in non-obese diabetic mice

Toru Miyazaki*, Masashi Uno*, Masahiro Uehira*[1],
Hitoshi Kikutani*[2], Tadamitsu Kishimoto*[2], Masao Kimoto*[3],
Hirofumi Nishimoto*[1], Jun-ichi Miyazaki*
& Ken-ichi Yamamura*

*Institute for Medical Genetics, Kumamoto University Medical School,
4-24-1, Kuhonji, Kumamoto 862, Japan
*[1]Shionogi Research Laboratories, Shionogi Co., Ltd.
Sagisu, Fukushima-ku, Osaka 553, Japan
*[2]Institute for Molecular and Cellular Biology, Osaka University,
1-3, Yamada-oka, Suita, Osaka 565, Japan
*[3]Department of Immunology, Saga Medical School,
Sanbonsugi, Oaza, Nabeshima-cho, Saga 840-01, Japan

Reprinted from Nature, Vol. 345, No. 6277, pp. 722-724, 21 June 1990

Nature Japan K.K.

刊載於《自然》的論文

人時完結，才變成論文的第一作者。不過，當該論文被刊載到《自然》那樣知名的科學雜誌後，論文的第一作者無可避免便成了聚光燈的焦點。

以棒球來比喻的話，我應可說是擔任了在比賽終盤登板的終結者角色吧。當然是因為先發、中繼投手表現出色所以才能獲勝，但給予終結者勝投而非救援成功的機制，也為我帶來了莫大的僥倖。

只是，那件事對我來說，有一陣子也成為了極大的壓力。自己作為第一作者的論文被刊載在《自然》上的確是相當值得驕傲，但對於什麼都不會的新人突然得到重要的榮耀，我莫名地不自在，還感受到一種自卑感。

儘管如此，多虧有山村教授溫暖的鼓勵，在經過一段時間後，反倒萌生「必須要成為不會愧對這篇論文的研究者才行」的強烈責任感，而變得能夠以積極的心態投入研究。

之後，我又繼續在熊本大進行一年的自體免疫性糖尿病的研究。

然後，將該成果彙整成論文發表在《美國國家科學院院刊（PNAS）》後，為了進行更正統的基礎研究而開始認真思考著海外留學。

雖然熊本大研究所的課程才到一半，但與山村教授討論之後，便欣然同意我去留學，並還主動幫忙羅列留學地點候補清單。而且，可以繼續保留研究所的學籍，所以就算人在海外，在兩年後也能夠從熊本大取得博士學位。

山村教授笑著說：「既然都拿到自然跟PNAS（刊載論文的實際成績），對熊本來說已經綽綽有餘了」。

因此，在熊本待了兩年後便返回原崗位，之後回到東大醫院執行臨床的勤務近一年的時間後，前往位於法國史特拉斯堡的路易・巴斯德大學，拜在分子細胞生物遺傳學研究所之黛安・瑪蒂斯（Diane Mathis）教授的門下留學。

在法國的博士後時期與「大滿貫」

到史特拉斯堡之路易．巴斯德大學的分子細胞生物遺傳學研究所留學，是一九九二年七月，那時我正好三十歲。

山村教授所推薦之留學目標的瑪蒂斯教授，不僅有在進行基礎的免疫學研究，利用基因改造小鼠的實驗手法也與山村教授相似。

因此，山村教授便向史特拉斯堡的瑪蒂斯教授寫了一封「希望收他為留學生」的推薦信。

很快地我就收到瑪蒂斯教授的回信，上面只寫著「Yes, I know you. Come! Diane（好的，我認識你。來吧！　黛安）」。從「I know you」這用詞，就知道瑪蒂斯教授已看過我刊載在《自然》上的論文。

到史特拉斯堡留學最先驚訝的是，原來瑪蒂斯教授是女性這點。

網路發達的現在，確實能夠輕易地取得全世界研究者的資訊，但在當時只能依靠論文的掛名判斷。而且，當時在日本的基礎研究的世界中

二〇〇七年重逢的黛安・瑪蒂斯教授（右）與筆者（正中）

也少有女性，儘管是「黛安」這樣女性的名字，但由於埋首致力於執筆論文，並將其接連刊載在知名期刊上，所以我一直誤以為瑪蒂斯教授是男性。

報到當天，抵達史特拉斯堡的機場後，發現來自大學的接送車輛已經抵達。

除了負責駕駛的男性外，還坐有一名身材嬌小的女性，打扮休閒，外表也很年輕，所以我以為兩位都是研究室的實驗助理或是研究生。從機場前往大學的途中，對坐在後座的女性發話問道：「你也有在做使用小鼠的實驗嗎？」，得到了：「yes……」的回答。

然而，抵達大學後車，負責駕駛的男性就說：「這個人就是老闆（Boss）啦。」介紹剛才坐在後座的女性，讓我嚇出了一身冷汗。不過，瑪蒂斯教授並不介意初見面時的失禮，仍是對我多方照顧。

我在史特拉斯堡的研究所，擔任所謂的「博士後」——取得博士學位後被委付研究的身分，但博士後研究員並不能夠自由地選擇研究題目。

瑪蒂斯教授所委付的題目是，在免疫中有著重要作用的T淋巴球，在成熟過程中是如何被篩選以表現特定功能的，如此對於當時免疫學中最重要且根本性之問題的研究。原本便打算在史特拉斯堡研究基礎的免疫學，所以也是契合我期待的題目。

白血球的一部分T淋巴球有著一個又一個不同的面貌，會產生當病毒或細菌等從體外而來的病原體戰鬥的T淋巴球，也有會攻擊自己本身那

胸腺中之T淋巴球的選別
(筆者在法國時的研究題目)

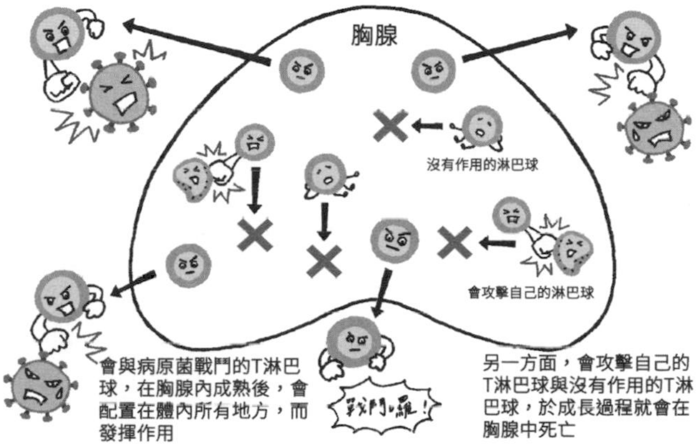
胸腺
沒有作用的淋巴球
會攻擊自己的淋巴球
會與病原菌戰鬥的T淋巴球，在胸腺內成熟後，會配置在體內所有地方，而發揮作用
戰鬥囉！
另一方面，會攻擊自己的T淋巴球與沒有作用的T淋巴球，於成長過程就會在胸腺中死亡

樣危險的T淋巴球。另外，還會形成兩者都不是，也沒有任何作用的T淋巴球。

在這當中，為何只有與病原體戰鬥有用的T淋巴球會被篩選出來而在體內增加，長久以來一直是個謎。

我花了三年時間研究此題目，終於發現生物體會使用名為「HLA-DM」的分子，模糊不明但非常巧妙且高效率地只篩選出有用的T淋巴球。

因為是重要的題目，所以研究者之間的競爭非常激烈，我為此吃盡苦頭，但最終在一九九六年春天，我得以在美國的科學雜誌《細胞（Cell）》與《科學（Science）》上以第一作者的身分發表了論文。

當時《細胞》、《自然》、《科學》及《美國國家科學院院刊》是科學界的四大期刊，能夠在這些上面全部以第一作者發表論文被稱為「大滿貫」。我受惠於有山村教授、瑪蒂斯教授擔任指導者，所以才能夠在總計六年內達成大滿貫的紀錄。

第三章

與謎樣蛋白質「AIM」的相遇

命運轉捩點——巴賽爾免疫學研究所

赴史特拉斯堡的第三年，也就是一九九五年的秋天，我三十三歲時轉移到瑞士的巴賽爾免疫學研究所（以下簡稱「巴賽爾研」）。不是博士後，而是作為「Principal Investigator（ＰＩ）」的正式研究員。

巴賽爾研是非常獨特的研究機構，匯集了三十多歲到四十多歲的年輕免疫學者約四十人作為成員，並讓他們各自擁有獨立的小研究室。

不過，要成為巴賽爾研正式研究員的門檻極高，如果沒有作為研究者相當的實際成績的話，便不會收到邀請的。以我來說，應該是在瑪蒂斯教授門下究明了T型淋巴球的選別機制而獲得肯定吧。

巴賽爾研的研究室以自己與兩位實驗助手為基本模式，還會再加入一到兩名短期或長期的學生。研究經費全額由研究所提供，研究題目也只要是與免疫學相關的話，任何題材都可以。

在日本，要主宰研究室並進行獨自的研究非得要等到升任教授以後

巴賽爾免疫學研究所

才行，所以通常是要過了四十歲到五十歲左右才有機會實現。以我來說，跨足海外而晉升至能夠進行獨自的研究可說是相當快。

利根川進教授過去也曾隸屬於巴賽爾研，在此的研究成果獲得肯定，最終於一九八七年獲得諾貝爾生理醫學獎。事實上，巴賽爾研分配給我的研究室就曾是利根川教授的研究室，還留著教授曾使用過的實驗道具，我也滿懷敬意地繼續使用著。

不過雖說是可以自由地進行獨

自的研究，但突然就踏入未知領域便太過有勇無謀，所以在巴賽爾研剛成為PI的研究者，大多會從博士後或研究生時代所進行過的領域相關題目開始著手。

以我來說，由於在史特拉斯堡已解開T淋巴球的篩選是透過「HLA-DM」分子來進行，所以我在巴賽爾研便想著先找出與HLA-DM相似的分子，再調查該分子是否有參與T淋巴球之活化等其他機能。

於是，便進行實驗尋找與HLA-DM在基因的鹼基序列上相似的未知分子。

我們的身體是藉由細胞中的「DNA（去氧核糖核酸）」的資訊來形塑。依據DNA的資訊而傳承給子孫的特徵稱之為「遺傳形質」，而決定遺傳形質的因子便稱為「基因」。

DNA是由結合「鳥嘌呤（G）」、「腺嘌呤（A）」、「胸腺嘧啶（T）」、「胞嘧啶（C）」4種鹼基之名為「核苷酸」的物質所排

從眾多存在的基因當中，「釣」一個基因

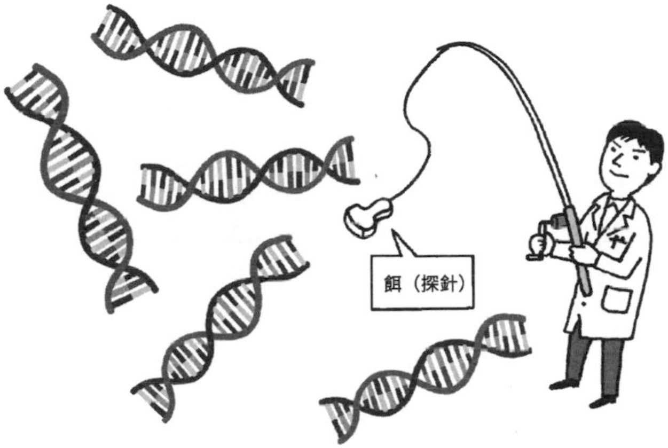

列而成，並依鹼基的順序來記錄遺傳形質。

時至今日，所有基因的鹼基序列資訊都已經資料庫化，若想要找與何者相似的分子，只要坐在電腦前面瀏覽資料庫就好了，但當時可就沒有這麼方便了。必須得要從大量積蓄實體基因的「基因庫」中尋找與HLA-DM鹼基序列相似的基因。

當時的研究者將尋找特定分子，需要日積月累的實驗作業說成是「釣（分子）」的動作，因為此項作業很像在釣魚一樣。

在基因庫中插入HLA－DM後，具有與HLA－DM鹼基序列相似之核苷酸的分子就會被吸引過來。必須得要將此釣起後加以分離，再仔細分析該分子是否為目標之鹼基序列才行。

然而，在釣魚時即便將鯛魚喜歡的誘餌鉤在釣鉤投入海中，還是常會有什麼都釣不到、或是釣到與目標之鯛魚不同的魚（日本釣客將此稱為「外道魚」）的情況發生。

以特定鹼基序列為餌來「釣」分子可說是幾乎一樣的思考方向，目標存在於基因庫的何處，一開始當然不可能會知道。自然實驗的精度變低會有什麼都沒釣到的情況，也會有鹼基序列些許相似的「外道」分子上鉤。

偶然間發現的未知蛋白質「AIM」

在歷經半年左右的千辛萬苦後，結果雖然找到四個分子，但其中有

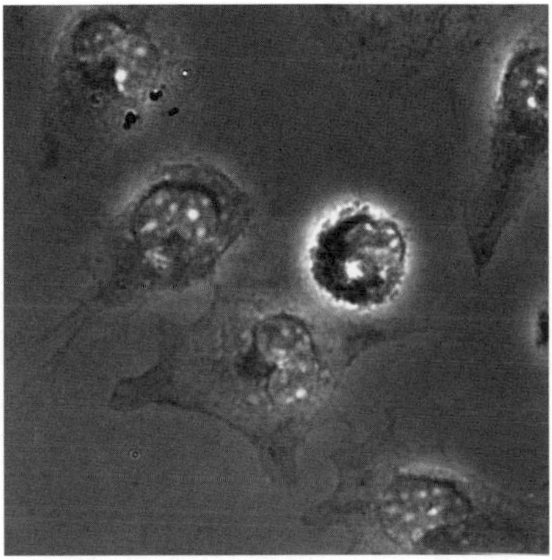

巨噬細胞

三個是與HLA-DM鹼基序列相似的已知分子，卻並非是新的發現。

只有剩下的一個是前所未知的分子，但卻是與HLA-DM似是而非的存在。

因為與原本的目標是不同的分子，所以我一開始曾打算要捨棄掉。但稍微試著調查之後，發現此分子是被稱為「巨噬細胞」的細胞才會產生的蛋白質，而且大量存在於血液中，莫名地勾起了我的興趣。

在我們體內存在著被稱為「吞噬細胞」的細胞，作用是會「吞噬不需要之物體並清掃體內」。其中的代表就是巨噬細胞。一百多年前，俄羅斯的科學家梅契尼可夫博士發現巨噬細胞吞食細菌來保護身體避免感染的系統，將其取名為「吞噬細胞機制」。也就是，吞噬細胞機制可說是生物體所具備對抗外敵的防衛機能之一。

結果，此蛋白質雖然與T淋巴球無關，但由於發現到似乎可使巨噬細胞活得更久（不易死亡），便將其取名「抑制巨噬細胞之細胞凋亡（Apoptosis）的分子」——取名為「Apoptosis Inhibitor of Macrophage，AIM」，於一九九九年將論文發表在免疫學權威雜誌《實驗醫學雜誌（Journal of Experimental Medicine）》上。

而這就是與本書主題之「AIM」的相遇。

雖然發現了「AIM」……

然而，雖然試著將其取名為「AIM」，但AIM實際上在身體裡

A poptosis……細胞凋亡
I nhibitor of……抑制
M acrophage……巨噬細胞

抑制巨噬細胞之
細胞凋亡（Apoptosis）的分子

↓

AIM

有什麼作用？我當時對此卻是全然一無所知。

因為當時發現了新的分子，為了調查其作用便進行了各種實驗。我使用在熊本所學到、在史特拉斯堡彫琢過的基因改造技術，培育出了不具備AIM的小鼠（將藉由基因操作而使其缺損特定基因的小鼠稱為「基因剔除小鼠」），與具有AIM的一般小鼠進行比較分析並想試著找出有什麼差異。

因為只要找出不具備AIM所導致的差異，就能以其為起點來究明AIM在體內進行著什麼樣的作用了。

當時原本以為ＡＩＭ「應該是與免疫相關的分子吧？」所以徹底地調查了基因剔除小鼠的Ｔ淋巴球、Ｂ淋巴球、或巨噬細胞等免疫系統之細胞的數量、形狀、作用，但與一般的小鼠簡直沒有任何差異。由於毫無變化，所以除了免疫系統以外，又針對身體、內臟形狀、機能、或是壽命、特定疾病的易罹患性、生殖能力等等全部都查了一遍，但還是找不到差異。堪稱「了不起」般找不到任何差異。

簡單來說，不具備ＡＩＭ的基因剔除小鼠簡直就是普通，所以還是不知道ＡＩＭ在身體裡到底有什麼作用。

也嘗試了無數「將ＡＩＭ噴灑在細胞上會發生什麼事呢？」的實驗，但幾乎什麼都沒發生。唯一觀察到的只有噴灑在巨噬細胞上的話，細胞會稍微變得不易凋亡（變得有活力），所以才取名為「ＡＩＭ」，但那也是因為沒有其他特徵的緣故。

而且，「巨噬細胞變得不易死亡」的效果，也沒有對小鼠的身體造成任何變化。就算沒有AIM，身體的細胞也並沒有變得較容易死亡，什麼都沒有改變。甚至也有過開始想著「該不會AIM只是單純存在於血液中，其實什麼作用都沒有吧……」的時期。

事實上，在找到這分子時，曾請教了在史特拉斯堡時的老闆（Boss）瑪蒂斯教授，教授也說：「你已經透過HLA－DM與T淋巴球的研究功成名就了，那種不相關的分子就放棄吧。」

但是，我實在是無法割捨掉。

就算問我為什麼，可能也沒辦法好好地說明。腦中雖然思考著「這蛋白質在血液中以高濃度存在，因此對於生物體來說一定有著某種重要的意義」但其實只是一種「這應該要好好研究才是」的莫名直覺。

「研究天堂」的贊助者

之所以能夠找到AIM，並持續進行該研究，全都是因為我隸屬於巴賽爾研這樣能夠自由地進行研究的組織。

巴賽爾研是由總部設於巴賽爾的世界級製藥公司羅氏（Roche）以全額百分之百的經費援助，不過其運作卻完全獨立於羅氏。

只要被採用作為研究員，便會獲得充裕的研究經費與極為優渥的薪水，且只要與免疫相關的話就可以進行任何有興趣的研究。甚至，研究所所取得的研究成果完全歸屬於研究者，羅氏早已放棄所有相關權利。是從來想像不到的事。

這樣的研究天堂之所以存在，完全都要歸功於當時羅氏的董事長。

他的名字是保羅．薩克（Paul Sacher）。是以指揮家與作曲家的身分活躍於維也納的藝術家，與羅氏所有權人的遺孀結婚後接任董事長，在推動商務的同時，也作為支持許多近現代作曲家、演奏家的贊助者而聞名。

他將科學視為藝術，抱持著「其成果應是為了全人類而存在」的崇高理念，而如此理念正因為他曾是藝術家才有可能萌芽。

一九九九年隨著他去世，羅氏的實權更替，隨即便決定將不符合商業利益的巴賽爾研在隔年，也就是二〇〇〇年關閉。

所有免疫學者憧憬嚮往的機構就這樣從這世上消失，未能迎接二十一世紀的到來。

巴賽爾研的關閉，從保羅．薩克臥病在床的一九九八年底到一九九九年初，我們研究員便已收到通知，大家都得要開始尋找下一個職位。

雖然我有回去東大的醫院，或是在日本以研究者的身分求職的選項，但當時毫不猶豫地便決定要在美國尋找職位。因為在歐洲待了八年，在巴賽爾研雖然規模小但也累積了主宰自己研究室的經驗，所以接下來想要試著在美國主宰更大型的研究室。

事實上更多的是，自己原本從臨床走上基礎研究之路的理由是「治療『不治之症』」，而自己卻仍未到達能夠達成如此目標的研究者水準。這樣的話還不能回日本。雖然我從未曾對誰說出口，但我心裡是這麼想的。

於是，在接觸了幾間大學之後，我順利以優渥的條件獲得德克薩斯大學錄取。

轉移到德克薩斯大學是在二〇〇〇年六月，由於第一年是創設，所以獲得了當時匯率約五千萬日圓的研究經費。我以這筆錢創立研究室後，一邊開始研究，也一邊向以美國國家衛生研究院（ＮＩＨ）為首的機構申請數項研究經費。

頭一年是從ＪＤＲＦ（青少年糖尿病研究基金會）與美國肝臟基金會等獲得研究經費，第二年則是取得ＮＩＨ名為「Ｒ０１」的研究經費（提供每年約三千萬日圓，總共五年），因而構成了能夠充分進行研究的體制。

終於找出「些微不協調感」的真面目

在德克薩斯大雖然獲得了充足的研究經費以繼續ＡＩＭ的研究，但仍然沒有做出成果。

儘管如此，我還是無法放棄研究。

因為反覆進行著各種實驗後，儘管沒有得到確切的成果，但數據當中有好幾次都讓人覺得有「些微不協調感」。

從一九九九年發表發現ＡＩＭ的論文後，好幾位讀過該論文的研究者也開始了ＡＩＭ的研究。也曾把不具ＡＩＭ的基因剔除小鼠分給那些人，彼此持續交換資訊。但他們也找不出真相，隨著時間過去，他們一個個都放棄了ＡＩＭ的研究。

而在我的美國時期即將進入後半段時，全世界就只剩下我還在繼續ＡＩＭ的研究了。

於德克薩斯大的筆者（2006 年）

不過，迫近揭曉ＡＩＭ真面目的日子終究還是到來了。

當時研發出了名為「微陣列（Microarray）」的實驗方法，許多研究者都爭相使用該方法來進行研究、發表論文。

這是一種可以網羅性地進行調查的方法，例如調查在細胞或小鼠的臟器中，何種基因在藥劑等的刺激下會產生反應而正在生成蛋白質。一般會將基因生成蛋白質稱為「表現」，相較於一直以來對於自己有興趣的基因必須要一個個調查其表現，若使用此方法的話，在一次的實驗中就能夠得知數百個基因對於某刺激有所表現的情況。

某天，偶然在看藉由微陣列法所進行之實驗結果的相關論文時，發現藉由將某藥劑噴灑在細胞上而表現的數百基因名單中便有AIM。

該論文並非特別著眼於AIM，不過只是在研究該藥劑的性質，但我的眼中卻只看得到基因一覽表中的「AIM」名字。而且該藥劑在先前的報告中已顯示出與「動脈硬化」的強力關係。

看到那點後我便想到，一直以來只想著與免疫有關的AIM，其實「該不會是跟動脈硬化有關的蛋白質呢……」

也就是說，該不會因為都只以免疫學的觀點進行研究，所以不管再怎麼研究都看不清AIM的真相呢？

在我的研究室裡，曾經調查過有無AIM所造成的差異，而當時用於實驗的小鼠全都是健康的。

於是，我便開始尋找在大學內被飼養且被基因改造成會出現動脈硬化的小鼠，然後很輕易地找到了。其實，這是因為德克薩斯大在脂質·膽固醇的研究領域是世界第一，聚集有許多研究動脈硬化之形成的知名研究者。

接著，委託從東大農學院以研究生身分來到我研究室的新井鄉子小姐進行一項實驗，那就是在會對ＡＩＭ產生反應的抗體接上發色劑後，將其噴灑在已出現動脈硬化之小鼠的血管上。

如果在動脈硬化的病巢大量地生成有ＡＩＭ的話，抗體就會與ＡＩＭ結合而顯色，而讓ＡＩＭ變得可視化才是。

然後，發現在被稱為動脈硬化病灶，即血管壁變厚而從內側突出的部分，上面滿滿地附著著顯色後的ＡＩＭ。這很明顯是強烈暗示ＡＩＭ與動脈硬化的病態有所關聯的結果。

在以往使用小鼠的實驗中幾乎什麼都沒發生，這是第一次某種疾病與ＡＩＭ有所連結的瞬間。

後來，讓出現動脈硬化的此小鼠與ＡＩＭ基因剔除小鼠交配，以大概是所想像得到的最短時間培養出不具備ＡＩＭ的動脈硬化小鼠，再讓新井小姐負責徹底的對此小鼠進行研究。

接著，在首次於動脈硬化病灶成功確認到ＡＩＭ染色的半年後，究明了ＡＩＭ對於動脈硬化斑塊的形成具有重要的作用。

動脈硬化是被稱為「壞膽固醇」的ＬＤＬ膽固醇堆積於血管壁所導致的。在從血管壁內側突出的動脈硬化病灶中，會聚集泡狀化的巨噬細胞，由於該等細胞動脈硬化斑塊便會變硬，血液變得難以流通。結果就會引發心肌梗塞、狹心症、腦中風等疾病。

聚集在動脈硬化斑塊的巨噬細胞會持續大量生成ＡＩＭ。ＡＩＭ的作用是使巨噬細胞更長壽，所以巨噬細胞的數量便會不斷增加，動脈硬化斑塊的外壁就會變得越來越厚。

因此，促使不具備ＡＩＭ的基因剔除小鼠形成動脈硬化的話，巨噬細胞會容易死亡，動脈硬化斑塊的外壁便不會變厚，動脈硬化的發展也

動脈硬化的機制

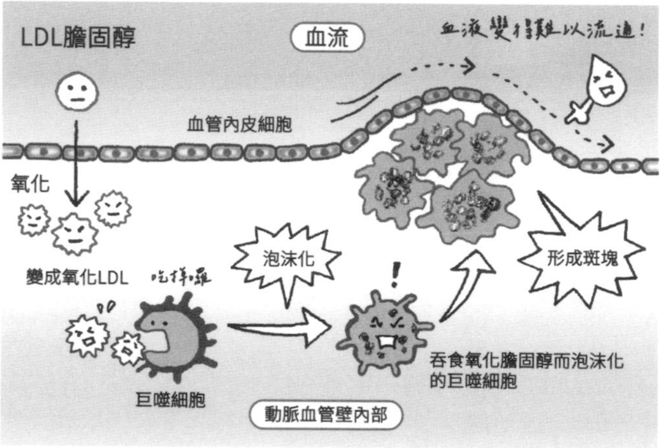

會變得比一般小鼠更慢。

　也就是說，本來會消滅細菌或病毒應是「好」細胞的巨噬細胞，卻在這裡大量囤積壞膽固醇，而導致動脈硬化。另外，使細胞長壽的AIM的正向性質在這種情況下會起反作用，致使動脈硬化不斷惡化。

　逐漸得知如此事實已是我來到德克薩斯大第五年的二〇〇四年，在隔年二〇〇五年以新井小姐為第一作者在《細胞代謝（Cell Metabolism）》上發表了論文。

之後雖然發現ＡＩＭ除了動脈硬化以外，也與各種疾病有關，但到頭來，在先前ＡＩＭ的實驗中一直困擾著我的不協調感的真面目，其實是健康小鼠與有著某種疾病小鼠的差異。

在無菌狀態下飼育的小鼠，原本應該全部會是健康狀態的，儘管如此，還是會有在某種刺激下產生癌細胞，或是在進行實驗之前染上傳染病的小鼠出現。

在基因剔除小鼠當中，身體健康小鼠雖然與一般小鼠會出現相同的實驗結果，但不健康的小鼠會呈現不同的數值。而那就會顯現為數據的「偏差」。

我從發表ＡＩＭ的發現以來，一路追究那不協調感，直到結論出作為論文的成果，總共經過了六年的時間。

從何處突破？

我在《細胞代謝》發表論文的隔年，也就是二〇〇六年，相隔十五年後返回日本，就任東大的教授。

因此，我在美國時期最後的最後，才總算能夠究明ＡＩＭ的一角。如果是在日本進行研究的話，毫無疑問地申請不到研究經費，而早早被迫從ＡＩＭ的研究撤退了吧。再怎麼說，我可是花了六年都無法產出ＡＩＭ相關的論文。

在這點上，美國實在很寬宏大量。即便一直無法產出論文，ＮＩＨ或許是覺得「似乎蠻有趣的」，便提供所需的研究經費來援助我。

若要說的話，在日本便會是在論文誕生之後才能獲得研究經費。但那樣的話，極為重要的研究可能都會在還沒萌芽之前就被壓垮了。

在德克薩斯大的六年間，與ＡＩＭ相關的論文只有一篇，以ＡＩＭ以外為題的論文倒是有好幾篇。

其實在赴美之後，就已拋棄自己是免疫學專家的想法，開始挑戰各種難治疾病的原因解明。一邊進行AIM研究的同時，也進行著白血病、先天性丙酸血症等數種缺乏治療法之疾病的研究，並發表相關的論文。

然而，要說那成果獲得社會的認同嗎？倒也不是，能夠一直取得研究經費的就只有直到最後才寫出論文的AIM而已。在那階段AIM還是完全來歷不明的分子，不過除了我以外，對於研究經費的審查委員們來說，或許也存在著某種勾起興趣、耐人尋味的因素吧。

另一點，此時強烈感受到的就是「專業性的弊害」。人們要在成為某種專家之後，才會獲得社會的認可，工作才會變得更得心應手。

在醫學的世界也同樣如此——崇尚的是在某種專業領域持續不懈地鑽研。我也同樣在歐洲、美國研究免疫學後，而被稱為「免疫學的專家」。就像先前所提到過地，由於ＡＩＭ是免疫細胞之巨噬細胞所產生的蛋白質，所以便不疑有他地相信是與免疫有關的分子，一直持續以免疫學家的觀點來進行研究。

簡單來說，免疫學的專家只會對可能與免疫有關的題目感興趣，同時不管是再怎麼嶄新的現象，也只會嘗試在自己擅長的免疫學知識、常識中去理解。結果，就只能夠用非常狹隘的眼光來看事物，往往早已陷入「視而不見」的狀況當中。

一直未能夠看清ＡＩＭ的作用，恐怕其中一個原因就出在這裡吧。

結果，研究的突破點並非免疫的疾病，而是偶然讀了當時流行之技術相關的短篇論文後，以那為啟發而調查動脈硬化的小鼠所得到的。

如果，一直繼續只鎖定免疫而進行研究的話，可能到現在還是無法得知ＡＩＭ的功能吧。

我想為了得到某種新的突破，或許並非固守著專業，而是有必要隨時打開全方向性的天線來接收新訊息。

我後來之所以開始進行貓的ＡＩＭ研究，或許也是因為在這裡無意識間養成了習慣，不拘泥於醫學或獸醫學這樣的類別，而只要可能有幫助的話，我就會馬上一頭鑽進其中。

另外，成為在《細胞代謝》所發表之論文第一作者的新井小姐，是我還在巴賽爾研的一九九九年時，利用三個月暑假的時間來協助我進行研究的人。

她當時是東大農學院的碩士生，指導教授先前剛好來過巴賽爾研參觀，在如此機緣下便派遣她過來。在那三個月內，開始對ＡＩＭ產生興趣的新井小姐，在我來到德克薩斯大第二年的二〇〇一年，以東大農學院博士生的身分來到我研究室，且直接取得博士學位後，繼續以博士後的身分留下來。後來，當我要回東大時也以助教的身分陪我一起回來，現在在我的研究室擔任副教授，而在此期間一直不斷地參與ＡＩＭ的研究。

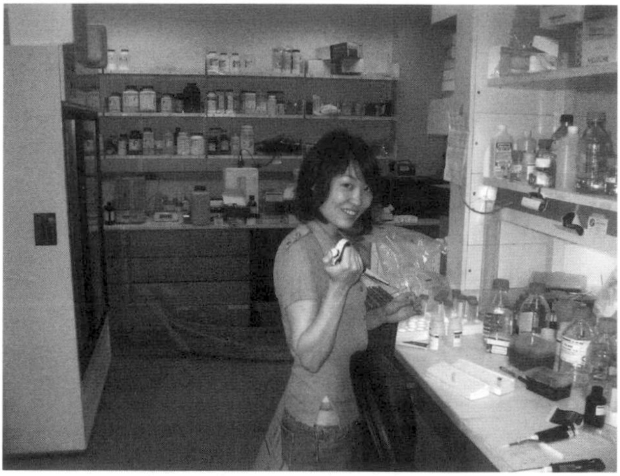

德克薩斯大時代的新井鄉子小姐（2006 年）

因為新井小姐也是深深著迷於ＡＩＭ——被ＡＩＭ迷得神魂顛倒的研究者之一。

回歸老窩——東大

回歸東大並非是我一開始所期望的事。

我記得應該是在二〇〇四年早春，為了更新簽證而回日本三個星期。剛好是動脈硬化與ＡＩＭ相關數據開始浮現的時期。

回東大探望拜訪時，朋友跟我說：「醫院（第三內科）的前輩永井良三教授榮升院長了，去打個招呼吧。」雖然過去同樣都任職於第三內科，不過永井教授是循環器官專門，我則是負責消化器官，先前並沒有太多交流，但想說是難得的機會便前往拜訪。

於是便在討論許多課題的過程中，被問到：「之後作為醫學工程合作推進的一環，要在醫學院創立『疾病生物工程中心』的組織。你願不願意成為其中一位初代教授呢？」。

不過，當時我在美國有充足的研究經費，對研究環境也感到很愜意，而且AIM的研究也好不容易才開始有所進展，所以一開始是加以婉拒的。另一方面也覺得當時才剛過四十歲，以日本醫學院的教授來說實在太年輕了。

不過，在永井教授的強力勸說下，回過神來時就已經答應要接受面試了。

那年夏天，我為了面試又再次回國，穿上西裝久違地回到面試會場的醫學院本館一看，是與學生時代毫無變化的老舊紅磚建築，內部冷氣也是開了跟沒開一樣。與網羅最新實驗機材、舒適的德克薩斯大研究室相比，不管怎麼看都相形見絀，讓我越來越提不起勁。

然而，就在那年的十一月，我正參加在華盛頓ＤＣ所舉辦的學會時，卻收到了「錄取了」的電話通知。事出突然，讓我非常措手不及，但日本的醫學院是很難違背前輩的縱型社會，事已至此，根本無從拒絕。

可是，德克薩斯大的研究才到一半，就拜托將人事異動推遲到二〇〇六年，二〇〇五年間便採東大與德克薩斯大兼任的形式，過著每隔一、二個月就回國一週左右的生活。正式於東大擔任專任教職，從德克薩斯大將研究室轉移到東大是在二〇〇六年六月的事。

音樂家用音樂的語言，科學家用科學家的語言

此時，想說是難得相隔十五年以教授的身分回到日本，為了紀念研究室的設立就打算辦個活動。

首先腦海中浮現的是，與當時最吸引我的音樂家、世界級鋼琴家克里斯提安．齊瑪曼（Krystian Zimerman）一起合作。

他與蕭邦同樣都出身自波蘭，是十八歲時便拿下蕭邦鋼琴人賽冠軍的天才。由於他曾經以巴賽爾為據點，所以在我歐洲研究生活期間便曾在音樂會中聽過幾次他的演奏。

每次聽他的演奏，不管是蕭邦還是舒伯特，都會讓人覺得除了這種詮釋方式別無它法。也就是說，聽起來就像「絕對的演奏」。

一般都認為，音樂當中不存在絕對的詮釋，依演奏者不同就會有各種詮釋可能。但每次聽了他的演奏後，總不可思議地會覺得只有「這種

彈法才對」。

相對地，在科學的領域中，真實只有一個，那是絕對的存在，找出那真實並以科學的語言加以表現就是我們的工作。

所以，搞不好音樂窮究到極致的話，也會存在「絕對的詮釋」，而齊瑪曼或許便是探尋著那種詮釋並加以表現出來。如果是這樣的話，如何才能接近那「絕對的詮釋」呢？我非常希望能夠向他本人請教這點。

所以我在回國前一年的二〇〇五年十二月，從美國打電話給齊瑪曼在日本的經紀公司，日本藝術的負責人村田先生。然後，提出「明年將以東大教授的身分回日本，很希望能夠與齊瑪曼舉辦一場音樂與科學的討論會這樣的活動，不知道是否可行呢？另外能否請他彈鋼琴呢？」如此突兀的要求。

一開始可能讓村田先生想說：「這人腦袋有問題嗎？」，差點就要被掛斷電話了，但總算是讓他聽完我的來意，並約好在二〇〇六年二月短暫回國時碰個面聽我說明。

與村田先生初次見面，我就被帶去他常去的新宿歌舞伎町的小居酒屋。然後在喝了六小時後越來越意氣相投，最後就在喝得左搖右晃時，村田先生說：「宮崎先生，我很中意你。既然如此，我就接下來了。明天就打電話給齊瑪曼說服他！」說完，他就直接在桌上睡著了。我自然也早已是分不清前後左右的狀態，但還是勉強回到住宿的飯店。

然後隔天白天，在劇烈的頭痛中接到了村田先生打來的電話，只說了：「宮崎先生，齊瑪曼說好。」這麼一句話。

後來，配合齊瑪曼在日本早已預定好的巡迴行程來決定活動的日程，並就作為會場之安田講堂的使用許可申請、演出曲目的安排、門票規劃、海報要如何設計、鋼琴的準備等等，幾乎每天從美國遠端跟村田先生討論後一一決定。

最後，我們決定在活動中一開始由齊瑪曼彈奏鋼琴四十分鐘左右，後半由我們兩人進行音樂與科學的討論。曲目也定為當年日本巡迴演奏

齊瑪曼鋼琴演奏會的海報

討論會的情況。齊瑪曼（左）與筆者（右）

所彈奏之莫札特的鋼琴奏鳴曲與蕭邦的第四號敘事曲。

五月回到日本後，我請東大鋼琴愛好會、東大交響樂團的學生們及醫學院設施組人員幫忙進行準備。齊瑪曼也提出了──「希望盡量讓東大學生來聽，所以請不要過度公告宣傳，在學校裡貼海報與口耳相傳就好」──等如此有他個人堅持的條件。

即使如此，我也對於是否有人會來感到不安，不過到了六月十六日當天，包含不知道從哪收到消息的校外人士在內，許多人從開演前幾小時便由東大正門排出長長人龍，開場後安田講堂座無虛席，擠滿了聽眾。

到最後的最後都充滿著挑戰，不知道是否真的能夠實現，所以當齊瑪曼出現在舞台上彈奏出莫札特鋼琴奏鳴曲的第一個音時，那音色無與倫比之美與如釋重負的安心感讓我不禁流下眼淚。

討論會是沒有事前確認內容的自由對談，是齊瑪曼的個人舞台，但最終所歸結出的結論是，不管音樂還是科學都是嚮往探尋著自然、生命以及人類精神之美與不可思議，只是「音樂家用音樂的語言，科學家用科學的語言來表現。也就是——都是在做相同的事」。

齊瑪曼精采絕倫的演奏與談話，讓到場的聽眾聽得如癡如醉。活動大獲成功也讓我感到相當滿意。

然而，作為自己的教授就職記念而在校內舉辦活動什麼的，這在東大可是前所未聞，我卻一點都沒有注意到。雖說是出於好意，學生們也感到很開心，但醫學院教授中最年輕的後生晚輩成功舉辦活動而心滿意足的樣子，在許多前輩眼中看來似乎不是那麼順眼。

第四章

「不治之症」與 AIM

即便過了十五年，「不治之症」依然無法治癒

從一九九二年到位於法國史特拉斯堡的路易．巴斯德大學分子細胞生物遺傳學研究所留學，再歷經巴賽爾研、德克薩斯大到二〇〇六年回到東大，我在海外的研究生活已達十五年之久。

然而，若問我這十五年間是否已實現從住院醫師時代所抱持「治癒『不治之症』」的願望，我的答案會是「否」。

當然，「可治癒之疾病」的治療法在這十五年間是有進步的。像是有抗癌藥物的發展，對於白血病也研發出了幹細胞移植等劃時代方法。機器人手術與診斷技術也都有長足發展。

但是，以腎臟病與自體免疫疾病來說，很遺憾的，狀況幾乎沒有任何改變。自己雖然在這十五民間也成長為算得上是一名免疫學專家，那麼對於在住院醫師時束手無策的自體免疫疾病，若問我「是否想出根本性的治療方法了呢」，同樣仍是毫無頭緒。

不僅如此，近來對於「不治之症」之一的阿茲海默症等腦部疾病也有了新的認識，變得更常見了。另外，腦中風與腦出血也會是失智症的原因，而中風與出血的發生率也比以前更加上升。

此外，成為致死性心血管疾病原因的生活習慣病也急速地成為社會問題，伴隨而來非酒精性脂肪性肝炎（NASH）的肝病，同樣也是一旦發病就沒有治療法的疾病。脂肪肝繼續惡化下去的話，就會發展成肝硬化或肝癌。

「不治之症」在現代社會變得更多樣化，相對的，患者數也不斷地增加。

「不治之症」的共通點

若試著綜觀所有「不治之症」，有腎臟病、自體免疫疾病、阿茲海默型失智症……如此多種多樣，既非某一疾病的專科醫生便能夠完全加以對應，也不是同一學會所會處理的。

但像這樣各式各樣的「不治之症」，在現代社會患者卻同樣地持續增加著，讓我覺得非常不可思議。

心中浮現如此猜想：該不會，這些疾病存在著發病或惡化的共通機制，而那又與現代社會的環境與生活型態有所關聯，所以才導致那些疾病全都持續增加著吧。

如果存在著那樣的共通機制的話，就有研發以其為標靶之嶄新治療法的可能，或許就能夠藉由共通的治療法來治療各種各樣的疾病了。

在這麼思考著的過程中，我察覺到多數這些疾病存在著共通點。這些疾病都不像傳染病那樣是病原體從體外侵入所導致，「而是無法排出體外的某種廢物囤積後，最終才發病」的這點是共通的。

以腎臟病來說，大多是從死亡細胞的碎屑（又稱為「碎片」）堆積於被稱為「腎小管」之尿的通道，導致腎小管堵塞開始的。囤積的碎片若沒有迅速地被去除，腎小管的周邊便會產生炎症反應。

腎小管周圍的炎症反應隨即便會擴散至老廢物質的過濾裝置即絲球體，最終腎元便會壞死。尤其，因急性腎衰竭而一口氣有一半以上腎元喪失機能的話，腎功能會急遽降低，而變得難以過濾老廢物質並將其排出體外。

而慢性腎臟病的話，是由於在腎小管產生的炎症反應導致腎元一個兩個地慢慢死去，一旦大半都死去的話，同樣地，腎功能也會顯著地降低。而且死去的腎元不會再生，所以腎功能一旦降低的話就絕無法再恢復至原來狀態。

這裡所說的「炎症反應」，是身體免疫系統與病毒或細菌等外來病原體戰鬥的現象。

為免疫系統代表的T淋巴球會分泌名為「細胞激素」的蛋白質，另外B淋巴球會以抗體作為武器，以各個特定病原體為標的來戰鬥。像是巨噬細胞這樣的吞噬細胞也會分泌細胞激素來擊退病原體。

腎衰竭的機制

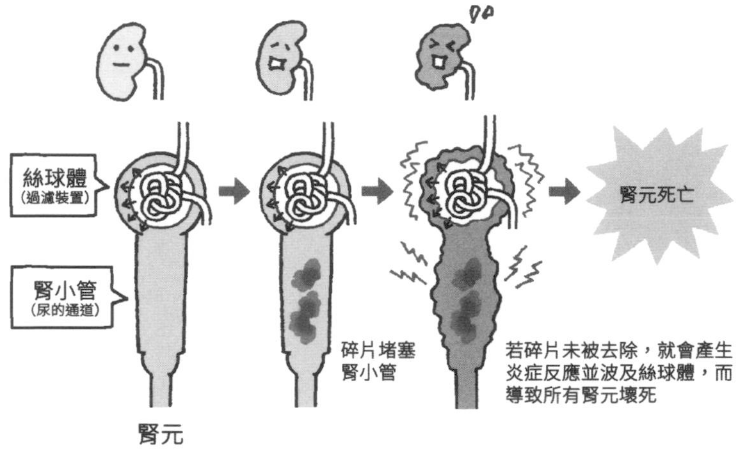
絲球體
（過濾裝置）
腎小管
（尿的通道）
腎元死亡
碎片堵塞
腎小管
若碎片未被去除，就會產生
炎症反應並波及絲球體，而
導致所有腎元壞死
腎元

免疫系統與病毒、病原體戰鬥的情況

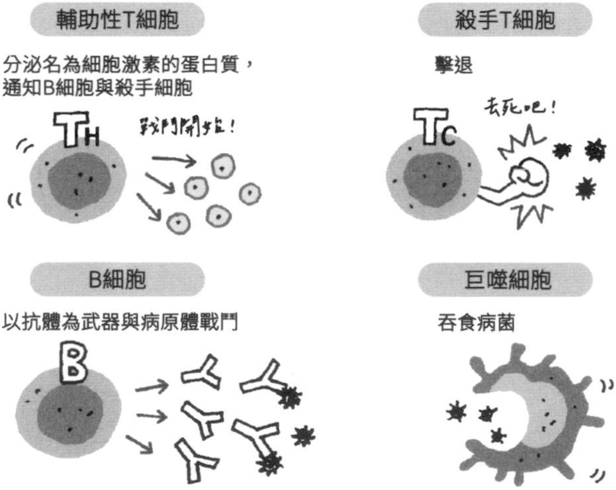
輔助性T細胞
分泌名為細胞激素的蛋白質，
通知B細胞與殺手細胞
TH
殺手T細胞
擊退
Tc
去死吧！
B細胞
以抗體為武器與病原體戰鬥
B
巨噬細胞
吞食病菌

以吞噬細胞來說，並非像淋巴球一樣進行精準攻擊，而是以更廣泛種類的病原體作為攻擊對象，因而被稱為「自然免疫」。

不管是哪一種，在原本正常的狀態下，當免疫系統成功擊退敵人即病原體後便會迅速地撤退，所以炎症反應並不會長時間持續而只是暫時性的現象。

然而，在腎臟逐漸堵塞腎小管的碎片雖然會對身體造成傷害，但因為本來就是自身的細胞，所以免疫系統便無法確實地將其辨識為敵人。所以不僅攻擊半吊子就連炎症反應也弱，不同於對付細菌的情況，無法鎖定攻擊目標，就像是流彈四射般對周圍正常的組織也造成傷害。

身體細胞隨時都在新陳代謝，只要人還活著就會永無止盡地生成老舊死去的細胞廢物。

因此，當這種虛弱冗長之免疫系統的攻擊無法確實辨識敵人的狀態持續不斷，就會形成「慢性持續發炎」的異常情況，長期地傷害正常的自體組織，最終就會使腎功能降低。

腦中囤積β澱粉樣蛋白而形成斑塊的情況

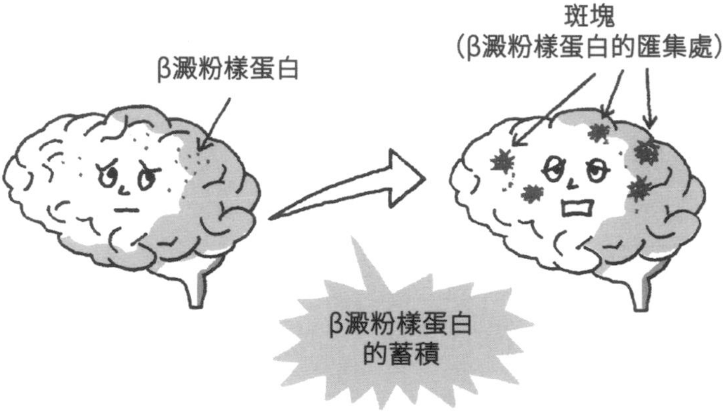

可以說多數「不治之症」是對外敵發起名為「炎症反應」的戰鬥，但原本應該是要保護我們身體的免疫系統，卻反而不斷地對自己身體造成傷害。從那種定義來看，與自體免疫疾病是同樣的模式。

而且，在外敵入侵的情況下，一般來說敵人數量是有限的，但身體內部所排出的廢物卻是只要還活著就會持續被生成。所以，名為慢性發炎的反應是永不止息的。

其實阿茲海默型症也與腎臟病相同，生病的原因都在於「廢物的蓄積」。

在腦內，雖然量少但會以一定的比例，形成非正常形狀、名為「β澱粉樣蛋白」的蛋白質碎片，若其未被順利清除而囤積下來的話，腦中就會逐漸形成結塊（稱為「斑塊」），而成為生病的原因。

因此，若說得極端點，受到不斷囤積之廢物影響的腎臟或腦等組織，其功能在死亡前都會持續地降低。

在現代社會，之所以「不治之症」變得多樣化、患者人數不斷增加，很有可能是由於社會環境與生活型態的變化、高齡化社會、壓力社會等的理由，使得體內變得容易產生廢物，而超過了一直以來我們所具備的「廢物清除能力」所造成的。我是這麼想的。

「清除廢物」這如此簡單的解答

若依據那思考邏輯的話，就會變成「許多『不治之症』只要強化『廢物清除』的機能，或許就變得可以治癒了吧」這樣簡單的結論。

如果是這樣的話，為什麼從來都沒人將「廢物清除」應用、研發作為不治之症的治療法或藥呢？

沒能實現的主要原因，我認為有兩點。

第一點，包含我在內，許多研究疾病的科學家只聚焦在「為什麼會形成那樣的廢物？」、「怎麼樣才能不產生廢物呢？」這點來進行研究，不太多想如何清除廢物這件事。「為什麼細胞會死亡、又是如何進行的呢？（凋亡細胞又稱為體內廢物的產生過程）」、「為什麼腦內會形成異常的β澱粉樣蛋白呢？（阿茲海默症的原因）」——一直以來，我們都只會追究這種事情。

但試著想看看，就像人在日常生活中一定會產生垃圾一樣，只要還活著，「不產生這種生物體內之廢物」或許是不可能的吧？如此拆解，只要使清除的能力比廢物產生的速度稍微高一些些的話，結果就不會囤積廢物，已囤積的廢物最終也應該會被清除掉才對。如此一來，前者便是疾病的預防，而後者應可成為疾病的治療。

那麼，該怎麼做才能夠提高「廢物清除」的能力呢？

此門檻的高度或許正是一直以來無法將「廢物清除」用於治療的第二點理由吧。在體內存在被稱為「吞噬細胞」、「扮演吞食物體加以清除的角色」之細胞，該吞噬細胞機制起初一直被認為與免疫系統同樣是防禦外敵的機制，但在後來的研究中，卻慢慢發現吞噬細胞除了細菌等外來敵人，還會吞食來自身體的廢物。

儘管如此，吞噬細胞機制從來沒有被應用在腎臟病或腦部疾病的治療上。

其理由就在於，沒有方法可以在強化吞噬細胞的作用時，卻只讓他吞食廢物的能力提升。卯足全力提升吞噬細胞的機能，卻導致就連活著的正常細胞或正常蛋白質都吞食掉，反而會傷害身體。必須要讓它只吞食廢物才行。但一直都找不出這樣的方法。

我也從美國時代開始，如前述說的，一直在思考「『不治之症』的共通性」或「『不治之症』為什麼無法治癒？」

「讓吞噬細胞只大量吞食從生物體所排出的各種廢物並加以清除的方法」——只要能找到這個的話，便非常有可能變得能夠治癒一直以來所無法治療的疾病。而且，腎臟病、阿茲海默症或自體免疫疾病等多樣不同的疾病，或許也變得用同一個方法、同一種藥就能夠治療了。

但，「所謂清除各種廢物來治療疾病的治療法是什麼呢？」，每當思考至此總是會陷入糾結。真的能夠製作出那樣的藥物嗎？採用基因治療的話就能做到嗎？但無論怎麼思考都得不到答案。

當然，那答案與ＡＩＭ有著密切關係，在此時是做夢也沒想到的事。

答案就在身體裡！

讓我跨越那道高牆，最終走到某種意義上可說是原始的、極為單純的，不是醫生也不是研究者，而是一位商務人士的話。

二〇〇六年剛回日本不久，便偶然地認識了當時在CSK株式會社擔任副社長的有賀貞一先生。有賀先生非常喜歡紅酒，擁有著龐大的收藏。雖然我們是因紅酒結緣相識，但有賀先生對於我認為「不治之症」是起因於體內廢物的想法非常有興趣。

有一天，一邊品嚐著有賀先生珍藏的紅酒一邊交談時，他不經意地提到：「不過，仔細一想，人類綿延不絕地存活了一百萬年以上都沒滅亡，對吧？那麼，宮崎教授所說的廢物，應該從遠古便持續在體內產生著才是。如果囤積廢物就會生病的話，我想根本活不過只有祈禱與咒術那種『治療法』的時代。所以，或許身體本身就具備能夠清除各種廢物的能力才是吧？」

聽了這番話，我也想到：「是啊，的確體內應該是會具備有那種機制才對。」接著又想：「在現代，一定只是變成廢物囤積超越了那清除能力而已。若是這樣的話，只要強化那機制，廢物自然而然地就會

有賀貞一先生

被清除掉，「不治之症」也就痊癒了」。

一直以來，我都只想著廢物清除的嶄新方法，藉此契機讓我驚覺或許並非如此而重新去思考：「只要找到身體本來就具備的清除機制就好了。」

在德克薩斯大發現AIM與動脈硬化的關聯性時，便感受到深化專業性反倒會阻礙突破，而這次也同樣地因為非醫學專家的商務人士極為常識性的見解卻引領我走向重大發現。

之後，我偶然地發現，原本我

不覺得與「不治之症」有關而一直持續研究的ＡＩＭ蛋白質，其實會是用以清除體內所產生之凋亡細胞所需的關鍵，藉由在體內增加其數量便能夠治療腎臟病。

我一直以來所持續思考的「廢物清除說」，總算在此與ＡＩＭ接上線了。

各種疾病與ＡＩＭ的關聯

從有賀先生獲得寶貴啟發的同時，我也告別免疫學這樣的專業專科性，開始盡可能地調查多數疾病與ＡＩＭ的關聯。

在德克薩斯時代的最後，我終於究明ＡＩＭ與動脈硬化的關聯性時，想到：「該不會ＡＩＭ其實與免疫無關，而是與脂質．代謝系統疾病有所關聯的呢？」

於是回到日本以後，我便決定調查ＡＩＭ與肥胖的關係。

首先，讓藉由基因改造而不具有ＡＩＭ的基因剔除小鼠吃高脂的飼料，發現與具有ＡＩＭ的一般小鼠相比而變得異常肥胖。然後，從實驗中也發現，若對該小鼠注射ＡＩＭ後，肥胖將得到控制。也就是，成功驗證了ＡＩＭ具有抗肥胖作用。

只是「為什麼ＡＩＭ會帶來抗肥胖作用」，其理由在當時仍是個謎。一直以來所知道的只有「使巨噬細胞長壽」的作用，並無法沿用那點來說明ＡＩＭ抑制肥胖的機制。

我當時認定「ＡＩＭ應該還有著某種其它作用」，但之後經過一年左右的艱苦奮戰，也還是沒能查出什麼。

二〇〇八年冬天，研究室一位名叫黒川淳的學生，因為進行了和ＡＩＭ方向不同的研究題目而培養了「脂肪細胞」。

所謂的脂肪細胞是指形塑在我們肚子裡等具有脂肪組織（也就是所謂的贅肉）的細胞。當一個個脂肪細胞堆積成大量的脂肪而膨脹，使得贅肉增加，然後我們就會變「胖」。

由於黑川同學的手邊有已膨脹的脂肪細胞，所以我就請他「試著將AIM噴灑在脂肪細胞上」。

雖說如此，但原先也沒有什麼特別的想法，只是剛好有脂肪細胞在那，所以就那麼委託了。事實上，這件事馬上就忘得一乾二淨，但過了三天黑川同學跑來跟我報告：「教授，那個細胞的培養液變得非常黏稠。」

於是我就去看了一下，正常情況下應為清澈的培養液變得混濁，像是黏稠的漿糊。

細胞感染了某種細菌的話，有時候是會變成這種狀態，但似乎又有些不同。

當時，靈光一閃：「是啊，AIM分解了細胞內囤積的脂肪，那個就跑到細胞外頭了！」所以，「對基因剔除小鼠注射AIM後，脂肪溶解掉就變瘦了。」至今為止的資料在腦中一口氣地連成一線。

AIM添加前　AIM添加（5μg/mℓ）後

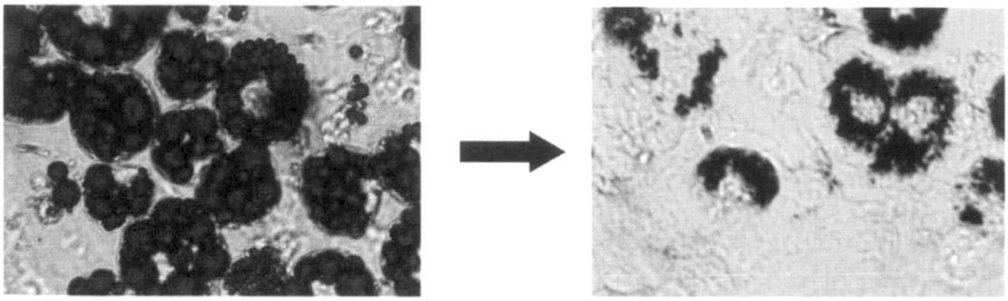

藉由AIM被排出細胞外的脂肪

後來用以驗證該假設的實驗，也瞬間浮現在腦中。這是興奮至極的瞬間。

從那之後過了半年左右，完成所有必要的實驗後，撰寫論文，在二〇〇九年夏天以黑川同學為第一作者向《細胞代謝》投稿，是從一九九九年算起正好十年的事。

不久後便從《細胞代謝》收到了論文採用通知，並於二〇一〇年春天刊載。

至此，與發現了AIM與動脈硬化那時截然不同，「去除囤積於脂肪細胞中的多餘脂肪」的新作用，也成為了連結我「去除不需要的廢物來治療疾病」

不具備AIM的小鼠有高機率會罹患肝癌

具有AIM所以未癌化　　因不具有AIM而癌化

之研究目的的最初啟發。

這篇論文以「抗肥胖」的關鍵字引起了廣泛的社會迴響，還收到如雪片般飄落的電視台錄影邀約。

在二〇一三年，又在《細胞報導（Cell Reports）》上發表了一篇有關於ＡＩＭ與肥胖的論文。

從肥胖的研究當中也究明了ＡＩＭ的其它機能。

為了促使小鼠達到肥胖狀態，持續給予高脂肪的飼料後，便會在肝臟也囤積脂肪而形成脂肪肝。我發現不具備ＡＩＭ的基因剔除小鼠與一般小鼠相比，脂肪肝發展迅速而變成重症化。

生活習慣病之一的脂肪肝患者非常多。若僅止於脂肪肝倒也還好，但還會再繼續進展成肝炎或肝硬化，更嚴重者還會併發肝癌。

一直以來，肝癌幾乎都是從感染Ｃ型肝炎病毒而罹患慢性肝炎、肝硬化的人所發展而來的。不過現在在公共衛生進步下，肝炎病毒感染者已銳減，再加上製作出了優良藥劑，所以因病毒感染而罹患肝癌的患者已逐漸在減少。但於此同時，以脂肪肝為起點的肝癌卻是舉日俱增。這很明顯是由於生活習慣病蔓延而導致肥胖者增加。

而由脂肪肝惡化成的肝癌已知可以藉由ＡＩＭ來加以抑制。

若對不具ＡＩＭ的基因剔除小鼠與一般小鼠給予高脂肪飼料使其罹患脂肪肝，一年後，基因剔除小鼠百分之百會併發肝癌，而具有ＡＩＭ的一般小鼠則幾乎不會罹患癌症。

另外，也成功確認對已得癌症的基因剔除小鼠注射ＡＩＭ後，會有癌症腫瘤變小的效果。還解開了ＡＩＭ是如何去除「癌細胞這樣的廢物」。該等成果都彙整成論文，於二〇一四年刊載於《細胞報導》。

同一時期，我也獲得位於長崎之井上醫院（井上健一郎院長）的協助，由其提供了約一萬人份接受健檢者的血清（血液中不會凝固的成分。用於生化檢查、免疫檢查）。

藉由測量一萬名男女老少健康者的血中AIM濃度，而得以決定年齡別或男女別的「正常值」。另外也發現年輕女性的AIM值非常高，與隨著年紀增長AIM值會逐漸下降的情況。

在血清的提供方面，井上醫院就如字面上所述任勞任怨地提供協助，我除了感謝還是感謝。幫忙向所有接受健檢者說明研究的意義，並每週兩次長達幾乎一年地將檢體從長崎送到東京來，這即便對醫院來說應該也是相當辛苦的作業，若沒有其大力協助，人類對於AIM的研究可能還處於大幅落後的狀態。

另外，也取得我老窩東大消化內科的協助，而得以調查肝炎與肝硬化患者體內的ＡＩＭ濃度。

這些結果都在二〇一四年發表在《公共科學圖書館：綜合（PLOS ONE）》上。

就這樣，除了小鼠外也變得能夠進行人體的ＡＩＭ研究，在我心中對於ＡＩＭ有望成為對於各種疾病之有效治療法的期待也越來越高。

再次聳立眼前的「專業性」高牆

然而，在此成為再次聳立於研究前方的高牆是「專業性」。

ＡＩＭ對於大量不同疾病越是有效，反倒越是無法得到醫界人士的認同。其中，就有「一種蛋白質（ＡＩＭ）卻對完全不同的大量疾病有效實在太奇怪了」的想法。

由於我也是醫學家，所以我非常能夠理解那種心情。醫學可說是藉由將事物細分化，提高專業性所發展而成的學問。一直以來是透過將疾病的某現象以分子級別詳細分解，來探究為什麼會引發該疾病。

因為各種不同的疾病，各自有著相異的特殊發病機制，所以那領域的專家會認為「以ＡＩＭ這樣一種蛋白質，就能夠抑制肥胖、肝病、癌症等所有機制什麼的，根本不可能、實在可疑」也是理所當然的。在此一時間點，由於還未察覺到ＡＩＭ對體內廢物發揮作用的機制，所以就連正在研究ＡＩＭ的我本人也對於「為什麼ＡＩＭ會對各種疾病如此有效呢？」感到無法理解。

所以，在發表ＡＩＭ對於肥胖之效果的論文後，隔年又提出對肝癌之效果的論文並在癌症學會上發表就被人說：「去年是肥胖，今年是癌症嗎？」當然，這絕非是對效果感到讚嘆，而是在揶揄。

然後，ＡＩＭ的治療效果再次獲得確認的實例，是我立志進行醫學基礎研究之契機的腎臟病。隨著ＡＩＭ的守備範圍進一步擴展，心中也產生「在醫界的評價或許又要變得更差了吧」的焦急。

然而，事實上此點成了ＡＩＭ研究上的第二個突破點，並成為我確信AIM所具有的對乍看毫不相關疾病的效果，是以一個共通原理所連結著的契機。

那原理正是受有賀貞一先生所啟發之「自體清除廢物的力量」。

第五章

藉由AIM所進行的「廢物清除」與腎臟病

開始腎臟病的研究

開始進行腎臟病與ＡＩＭ間之關聯的研究，是二〇一四年肝癌論文刊載在《細胞報導》的事。

契機是應香川大學醫學院的邀請演講時，現場與當時正在研究腎臟的西山明教授一見如故、意氣相投，而研究肝臟的工作正好告一段落，也是心情上留有餘裕而能夠投入新研究的時期。

一開始，是將改造基因而使其不具備ＡＩＭ的基因剔除小鼠分送給香川大，委託進行嘗試性的實驗，之後有香川大的學生託付給我的研究室下，而正式推動腎臟疾病與ＡＩＭ的研究。

急性腎衰竭（ＡＫＩ）會因各種原因而發作，最常發生的就是流往腎臟的血流急遽減少。

由於意外傷害所導致的大量出血或由於休克導致的血壓急速降低等，造成血液變得無法充分輸送到腎臟的話，藉由血液來補給營養與氧氣之腎臟內部的細胞便會大量死亡。

雖然腎臟是會過濾血液並將老廢物質排出體外的臟器，但腎臟細胞所需的養分與氧氣是透過要過濾的血液來運輸。腎動脈會隨著越深入腎臟當中而不斷分化細枝來將血液傳輸到臟器的各個角落，同時其主流會一邊通過絲球體一邊過濾老廢物質，再轉換成乾淨的血液後從腎臟流出。

位於絲球體前端的腎小管，布滿其內側的上皮細胞格外纖細，當血流被阻斷的話就會同時死亡、剝落，其殘骸就會成為「碎片（廢物）」而堵塞腎小管。於是該處產生炎症反應，接著包含絲球體在內的腎元（過濾裝置）本身便會停止機能。急性腎衰竭便是同時多處發生了該現象的狀態。

又，在心臟手術中會為患者連接人工心肺，將血液的循環轉移至人工心肺的一至兩分鐘的時間，果然流往腎臟的血流還是會降低，在同樣原理下常會產生急性腎衰竭。是進行心臟手術時會造成問題的併發症之一。

急性腎衰竭的研究主要是以小鼠與大鼠（同樣都是老鼠，但體型比小鼠大。野生的溝鼠就是大鼠）為對象，採以將腎動脈閉鎖一定時間來阻斷血流，實驗性地造成腎衰竭的模式來進行。

對未施加基因改造的一般小鼠進行此操作後，從血流阻斷後第一天起到第三天，為腎功能降低之指標的血中肌酸酐（Cre）值與尿素氮值會上升。

小鼠看起來明顯身體狀態不佳，變得不太活動。但之後腎功能開始緩慢改善，到了第七天，不僅指標數值恢復到幾乎正常，小鼠的全身狀態也有所改善。

然而，當對不具備AIM的基因剔除小鼠進行同樣操作後，腎功能與一般小鼠同樣地急遽降低，但之後持續沒有改善，在第三天以後有許多個體死亡。

這點意味著存在於體內的AIM具有阻止腎衰竭的進行，並使其轉向改善的機能。事實上，使基因剔除小鼠急性腎衰竭發作後的三天內，每天注射三次AIM的話，腎功能便能迅速地改善，死亡率也顯著降低。

在剛注射AIM後，基因剔除小鼠的全身狀態便得到改善，也變得會四處活動了。另外，普通小鼠在透過長時間阻斷流往腎臟的血流而使其出現重症急性腎衰竭的話，即便在第三天以後腎功能也不會改善，幾乎所有的小鼠最後都死去。而對於如此重症小鼠投予AIM後，果然腎功能便得到了改善，小鼠也活了下來。

也就是顯示，對於一直以來沒有確切治療法之急性腎衰竭，AIM的投予有望成為有效的治療法。

藉由AIM所進行之治療的機制

那麼，AIM是如何治療急性腎衰竭（AKI）的呢？

試著調查急性腎衰竭發作後，第一天之普通小鼠的腎臟後，發現堵塞腎小管之碎片的表面滿滿地附著AIM。

當然，在不具備AIM的基因剔除小鼠中碎片外就沒有附著AIM，但在對基因剔除小鼠注射AIM後，AIM便附著在碎片上。

檢查損傷後第三天的腎臟時，在普通小鼠與注射了AIM的基因剔除小鼠中，碎片所造成的腎小管堵塞情況已有急遽的改善，但在未注射AIM的基因剔除小鼠體內，碎片的量並未減少，堵塞情況也未被解決。

AIM並非是在清除碎片。因為在試管中即便將AIM與碎片混在一起也什麼事都不會發生。

那麼這是發生什麼事了呢？腎臟中的吞噬細胞會以AIM為目標，抵達碎片所在的位置，將AIM與碎片一同吞噬。被吞噬細胞所吃掉的碎片與AIM，會直接在細胞中被消化，不留痕跡地消失。

亦即AIM會奮不顧身地成為碎片的標記，犧牲自己來使吞噬細胞

成為標記讓自己被吃掉的AIM

巨噬細胞會辨識AIM而去除不需要的物質（身體廢物）

吞食碎片，藉此來消除腎小管的堵塞。

將碎片予以清除的吞噬細胞其實並非從腎臟外部而來。而是殘存在腎小管壁上的上皮細胞變身成為吞噬細胞。上皮細胞平時並不具備吞食物質的能力，而是形成腎小管的內腔壁面並進行著糖與礦物質的再吸收，在急性腎衰竭的緊急情況下，就會變身為吞噬細胞，發揮去除堵塞碎片的作用。

吃下碎片的吞噬細胞之後會再恢復成上皮細胞，之後又多次分裂，而使腎小管迅速再生。或許是以消化掉的碎片作為營養來源，而變得會頻繁分裂。在普通小鼠與注射了ＡＩＭ的基因剔除小鼠身上，從急性腎衰竭發作後到了第七天，碎片已被徹底清理乾淨，腎小管也完整再生。

在急診擔任研修醫師時，在急性腎衰竭發作的患者當中，有著會自然恢復的人與不會恢復的人，當時並不清楚分歧點是什麼，現在想起來或許其中就有著如此ＡＩＭ所發揮的作用。

透過如此使用基因改造小鼠所進行的實驗，了解到ＡＩＭ有助於急性腎衰竭的治療。

與此同時，也取得了另一項重大的成果。

那就是自己清楚地捕捉到ＡＩＭ所具備「身體產生之廢物的清除」如此根本性的機能。亦即不管肥胖、脂肪肝或是肝癌，雖然種類不同但全部都是「身體產生之廢物」囤積後所導致的，在爆發前是藉由ＡＩＭ清除該等廢物才將疾病壓抑下來。

雖然廢物清除有各種樣式，但機制是相同的

以本次結果為基礎，試著重新回顧一直以來所研究之AIM在疾病中的治療效果，確認了「廢物」的種類有各式各樣，而將其「吞食清除」的手段也存在一定程度的變化。

在肥胖中，累積在脂肪細胞中的過剩脂肪是廢物，所採用的會是將脂肪「暫時融化分解」、「排出細胞之外再加以去除」的作法。

在肝癌中，癌細胞便是要被清除的廢物，會歷經AIM先貼附在癌細胞上使引發免疫反應的蛋白質「補體」活性化來殺死癌細胞，再藉由吞噬細胞吞食癌細胞的殘骸來加以清除的過程。

而腎臟病的情況則是，AIM會貼附在死亡細胞也就是廢物上成為標記，來使吞噬細胞吞食而加以清除。

不管哪一種，都具備著「AIM標示性地吸附在廢物上，並使吞噬

細胞高效率地加以吞食清除」的共通機制。

雖然乍看是完全不同的疾病，但存在著「累積自己體內產出的廢物持續累積」的共通機制，而ＡＩＭ便是對於這點發揮了功效。

如果，又被揶揄：「明明去年才是癌症，今年換成是腎臟嗎？」的話，我會想試著不動聲色地回說：「是啊，因為是原本都存在著相同機制的疾病嘛」。不過很遺憾地，到目前都還沒能夠遇上這樣的機會……

在這雙重意義上相當重要的腎臟病之研究成果，於二〇一六年在《自然醫學（Nature Medicine）》發表了論文，並獲得報紙等的大篇幅報導。

一旦開始掌握如此原理後，便開始變得能夠預期ＡＩＭ不管是對這項疾病、還是對那無法治癒的疾病一定會有效。

之後，透過與名古屋大的共同研究，也究明了對於進行性之腹膜炎的治療效果，並在二〇一七年於《科學報告（Scientific Reports）》發表了論文。

進行性腹膜炎，也是作為腎臟病併發症常會發生的疾病。

當腎功能顯著降低的話，就必須要透過「透析（洗腎）」來從血液中將老廢物質與多餘水分排出。

透析中有「血液透析」與「腹膜透析」兩種，其中進行腹膜透析的患者，是在腹壁上開洞再將連接透析機械的粗導管插入腹部。此時無可避免地一定會損傷腹膜，而該處可能會造成發炎或感染，依患者情況，發炎有可能會長期化而引發慢性腹膜炎。

從病理學的角度來看，腹膜的細胞壞死，其殘骸即碎片蓄積下來而使炎症反應持續發生，簡直就像是急性腎衰竭一般的狀態。而且與腎衰竭同樣，一直以來不知出於何種原因，有些患者插入透析導管後就會引發腹膜炎？且與插入導管卻不會引發腹膜炎的患者間到底有何種差異？這一直都是不清不楚的狀態。

於是，調查引發腹膜炎的患者與未發炎的患者之血中AIM值後，發現發炎患者體內ＡＩＭ值明顯地較低。然後在動物實驗中，人為地使普通小鼠與不具備ＡＩＭ的基因剔除小鼠引發腹膜炎後，發現基因剔除小鼠腹膜的碎片並未消失，腹膜炎也未減輕，而具有ＡＩＭ的普通小鼠之碎片則會被清除，且腹膜炎逐漸得到痊癒。

另外，對基因剔除小鼠投予ＡＩＭ後，與腎衰竭同樣地也能夠治療腹膜炎。

因此，我便假設出現腹膜炎的患者「或許是體內的ＡＩＭ不足」，在進行腹膜透析前的事前檢查時一併測量血中的ＡＩＭ值，若數值低的話，便在插入導管的同時預先投予ＡＩＭ，有可能可以預防腹膜炎的發生。

目前在我的研究室，包含腦部疾病在內，正更廣泛地不斷確認ＡＩＭ在各種疾病中的效果。藉由讓ＡＩＭ附著在成為各種疾病之原因的廢物上來進行清除，來治療該疾病。

亦即逐漸浮現出了只要預先準備好ＡＩＭ蛋白質，就能夠治療大量

「不治之症」的可能性。若一種藥物（AIM）便能夠治療多種疾病的話，對於各種疾病就不需要一一從頭開始製作個別的藥物，所以性價比將非常高。

這也是對於「一種藥物怎麼可能能夠治療各種疾病」如此對AIM研究之批判的反論。

搭上「航空母艦」的AIM

另外，作為對於急性腎衰竭之AIM效果研究的副產物，發現了件非常有趣的事實。

首先，AIM並非單獨存在於血液中，而總是與由五個名為「IgM」的一種抗體所組合而成的「五聚體」結合在一起。

AIM本身是小型蛋白質，但與IgM五聚體結合後，就會變成整體非常巨大的蛋白質複合體。因此，即便血液中存在大量，也不會穿

結合於IgM五聚體的AIM

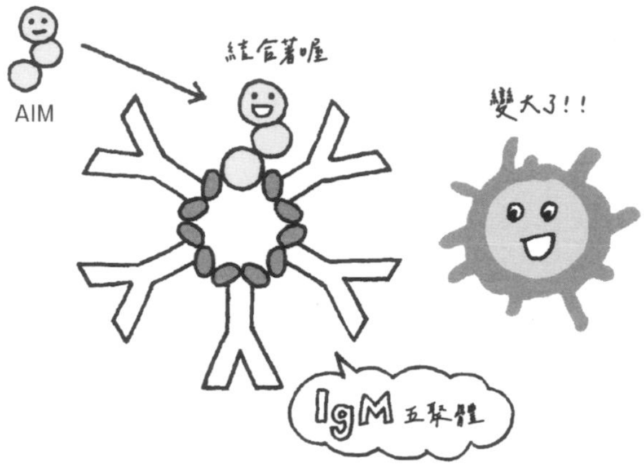

越腎臟的絲球體過濾膜而被排到尿中、被排掉。

ＡＩＭ便是以如此型態在血液中以每1mℓ5μg（1μg為1g的一百萬分之一），就血中蛋白質來說非常高的濃度被儲存著。

只是那樣的話，便無法穿越絲球體過濾膜被排到尿中，所以就無法觸及囤積在相當於尿的通道之腎小管的碎片。

不過試著進行各種實驗後，發現在急性腎衰竭發作不久後，血中許多ＡＩＭ會從ＩｇＭ五聚體脫離。

離開五聚體成為自由狀態的ＡＩＭ，由於其體積小所以就能夠輕易地穿越進出腎臟的絲球體過濾膜，而到達囤積於腎小管的碎片。之後附著於碎片的ＡＩＭ會呼喚吞噬細胞使其吞食碎片，來清理腎小管。

舉例來說，在健康時（平時），「名為ＡＩＭ的『戰鬥機』」是搭載於「名為ＩｇＭ的巨大『航空母艦』」在血液中巡航著。不過，一旦急性腎衰竭發作進入戰時狀態的話，ＡＩＭ就會從ＩｇＭ緊急升空（Scramble），飛往攻擊對象之碎片來進行清除。

沒想到居然是如此完善的機制。

順道一提，一旦出擊之後ＡＩＭ便不會再次返回。因為附著於廢物的ＡＩＭ，會與廢物一起被吞噬細胞吃下，而被消化、分解。

不過，ＡＩＭ這樣的戰鬥機會不斷地在體內被製造，所以當航空母艦的機庫變空時，馬上就會補充新的ＡＩＭ，以備下一次的出擊。

只是，ＡＩＭ是如何察覺急性腎衰竭的發生而從ＩｇＭ脫離的呢？目前尚未被解開。那將是今後的課題。

戰鬥機（AIM）搭載於航空母艦（IgM）上巡航，
在緊急狀態下緊急升空攻擊（去除）敵人（體內廢物）

細胞分化過程和人類成長過程相似

當持續從事著醫學研究，有時會發現在社會或歷史當中，我們人類在做的事情也會同樣發生在細胞與蛋白質、甚至更小之分子的世界。

在健康時，收容於IgM五聚體的AIM在生病時出擊，這樣的關係簡直就像是平時與戰時之戰鬥機與航空母艦的關係。

雖然與AIM無關，但「細胞的功能分化」等應該算得上其中一個例子。

我們的身體是由具備各種專門作用、非常龐大的細胞所形成的。

而且最初是從一個受精卵開始的。從那分裂成兩個、分裂成四個，不斷地重複，而變成被稱為「萬能細胞」的ES細胞（胚胎幹細胞）的集團。

到此一時間點，各細胞將能夠成為神經細胞、胃的黏膜細胞、血液細胞。也就是，具有著能夠成為任何細胞的無限可能（因此而將其稱為「萬能細胞」）。雖然有無限可能，但在當時還不具備任何專門的功能，是派不上用場的細胞（所以其實「萬能細胞」這樣的稱呼很奇怪）。

之後，一個個的細胞開始朝著塑造不同臟器的「專門」細胞發展成熟。此被稱為「分化」。

一旦決定要分化成血液的細胞後，就無法再轉換方向變成神經細胞了。

雖說是「血液的細胞」，但也有著白血球、紅血球、血小板等各樣種類，而在經過幾個階段的分化，就會發展成熟為例如白血球之一的淋巴球如此完整機能性、專業性的細胞。一旦發展至此，終於就能作為獨當一面的免疫細胞，在身體的最前線與細菌或病毒戰鬥。

人類不也是如此嗎？

到了差不多高中生的年紀，充滿著將來能夠無限發展的可能。然

細胞的分化相似於人類社會

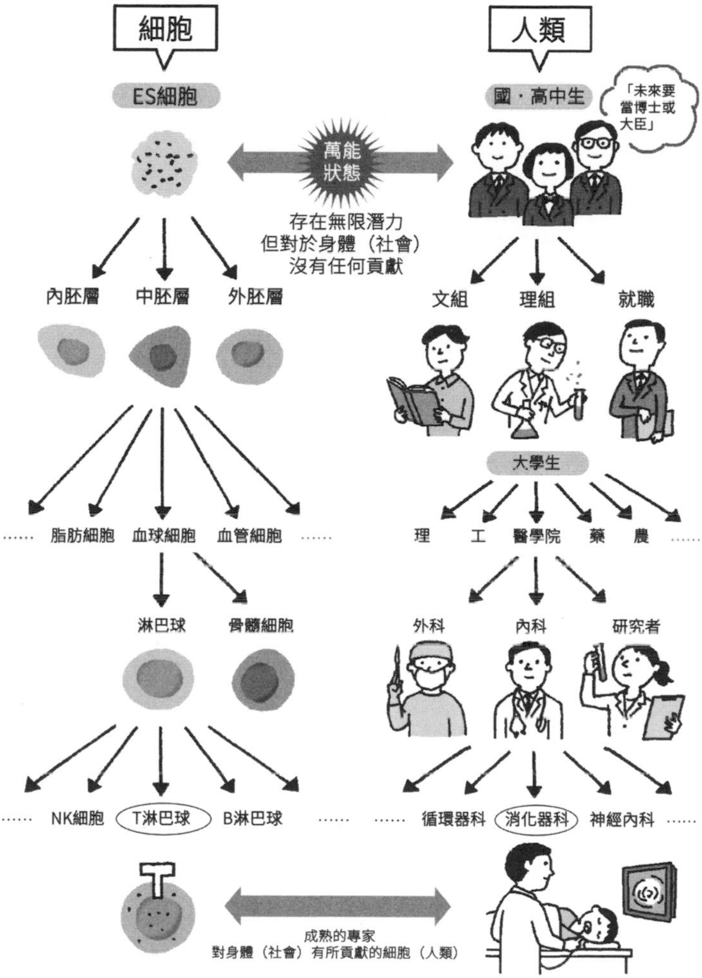

而，雖然有潛力，但還不成熟，仍無法對社會有所貢獻。之後，隨著成長為大學生、社會人士，分成文組、理組，任職於某個公司，在該組織中被分配至〇〇部的XX組，如此不斷地變得更加專業化。而隨著如此專業化的過程，雖然會逐漸失去「將來能夠無限發展」的可能性，但也慢慢變成對社會有貢獻的人。

也就是，我們在人類社會裡會無意識地進行著與細胞分化相同的事情。這實在是非常有趣的現象。

所以，例如會有這種情況，當研究著某種疾病，弄不清某現象的機制而困擾時，若不經意地把目光轉向人類社會或人類歷史的話，會發現啟發就如隨處可見般靜置在那裡。

精密設計圖所描繪出的形體——原本是正六角形的五聚體

拉回正題，雖然已知AIM會搭載在「IgM五聚體」這樣的航空母艦，當發生腎衰竭時便會緊急升空，但到底一艘航空母艦會搭載著幾架AIM？是如何與IgM結合的呢？當時還是一無所知。

弄清這點是從那時起兩年後的二〇一八年。

其實，到當時為止的AIM研究中，使用的是所謂「生物化學的手法」。是使AIM與IgM在凝膠中分離，再將其染色以可視化……這樣複雜的實驗手法，但果然還是有其極限。

不過，拜科學技術的急速進步所賜，使用最新的電子顯微鏡後，變成就連僅十奈米（1㎚為1㎜的十萬分之一）左右大小的AIM蛋白質，都能夠一個個地直接看得清清楚楚。

幸運的是，東大裡正好有該項技術的專家，所以便委託進行共同研

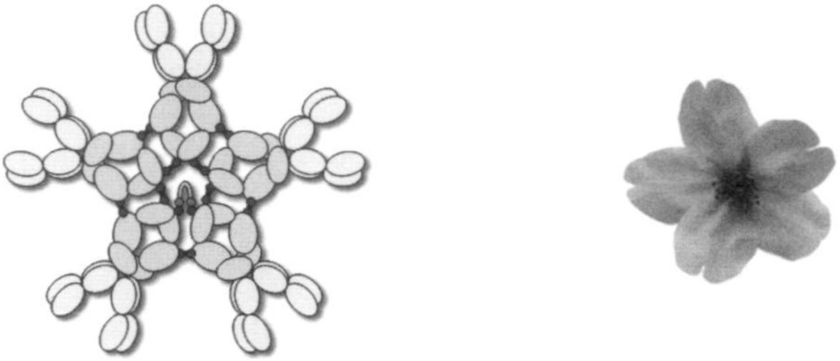

一直以來所相信的IgM五聚體的形態
（＝像是櫻花般的五角形）

未結合AIM的IgM五聚體　　結合有AIM的IgM五聚體

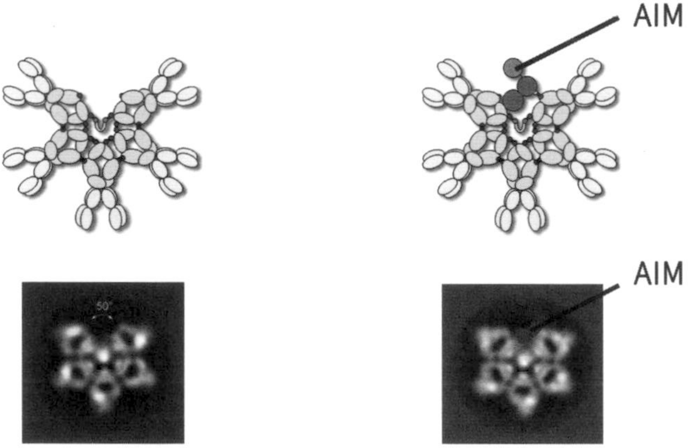

IgM五聚體真正的樣子與AIM的結合樣式
（修改轉載自Science Advances, 10 Oct 2018:Vol4, No.10）

究，而成功地拍攝到結合有ＡＩＭ之ＩｇＭ五聚體的照片。

我看到圖像後首先驚訝的是ＩｇＭ五聚體的形狀。

因為是同樣的ＩｇＭ五個相互組合而成，所以自然而然地會預期是正五角形，就像櫻花花瓣般的形狀。而實際上，過去差不多六十年來都被相信是如此，就連免疫學教科書上也是如此記載的。

但是，發現實物卻並非如此，而是就像先以六個ＩｇＭ打造出正六角形的六聚體，再抽掉其中一個ＩｇＭ，呈現缺了一角的形狀。而且，就在那缺角的空間正好嵌入了一個ＡＩＭ。

即便在ＡＩＭ出擊而抽出後的狀態下，ＩｇＭ五聚體也維持同樣形狀，所以表示並非ＡＩＭ從六聚體抽離一個ＩｇＭ來把自己插進去的。既然如此，所能想到的就只有是特意在ＩｇＭ側打造出正好可供ＡＩＭ嵌入的空間，再等待ＡＩＭ的到來。

更驚人的是，ＡＩＭ貼附於廢物時結合的部分原先是，在嵌入於五聚體的空缺處時被用來與ＩｇＭ結合。因此已與ＩｇＭ結合著的ＡＩＭ

便無法從該狀態來附著於廢物。而當生病時，ＡＩＭ之所以會從ＩｇＭ脫離而成為自由狀態，其實是有著這樣的理由。這些發現都在二〇一八年時發表於《科學前緣（Science Advances）》。

每當有這樣的發現時，我就會由衷地感嘆身體機制實在是非常巧妙而深受感動。當我察覺到那點時，對研究者來說即是無比榮幸的瞬間。

實在很難想像如此機制僅僅只是順著進化論而形成的。雖然我並沒有特別強烈的宗教信仰，但在這時，我只能想作有神明這樣的存在，而身體的機制便是由那位神明描繪設計圖後所創造出來的。

若真是如此，想必神明一定是相當勤奮吧。因為就連這麼細微的地方，都描繪了如此細膩的設計圖……

第六章

貓的腎臟病與AIM

測定各種動物的AIM

在究明前章為止所述之「身體排出之廢物的清除」如此AIM機能的過程中，有件對之後的研究造成重大影響的事件。而且，此事件最後也引導我走向研發治療貓腎臟病之藥劑的研發。

在我正好將AIM的肥胖抑制效果發表於《細胞代謝》的二〇一〇年初，不經意地想到「人類與小鼠以外的動物之AIM會是如何呢？」如此疑問。之所以會如此，是因為每次在進行AIM相關演講後，經常會被問到這樣的問題。

於是，便拜託新井鄉子副教授的同學（如在第三章所介紹過的，新井小姐是農學院出身），東大農學院獸醫系的玉原智史講師（當時），取得包含狗與貓在內的幾種血液。

從該等中分離出血清，並以進行這類分析時常用的「西方墨點轉漬法（Western Blot）」來檢視。

要測量血液中的成分，例如某種荷爾蒙等時，要先「人為」製作可將該荷爾蒙專一性地加以辨識的抗體，再使用其來製作測量濃度的機制。之所以說是「人為」，是因為會先對兔子或小鼠等想要測量血中濃度的動物注射該荷爾蒙，再在該等動物體內製作出對於該荷爾蒙的抗體。

接著，將該抗體精煉並分離後，才總算能夠得到用於檢查的抗體，而其中一種檢查方法就是西方墨點轉漬法。

以ＡＩＭ來說，由於已經製作出能夠同時辨識「人類ＡＩＭ」與「小鼠ＡＩＭ」的抗體，便想著「其它動物的ＡＩＭ應該也能夠檢測得出來吧」而進行了實驗。

在此實驗中，使透過與某種試劑產生反應而發光的化學物質與ＡＩＭ抗體結合，將其以專用的機械讀取後，再確認會發光至何種程

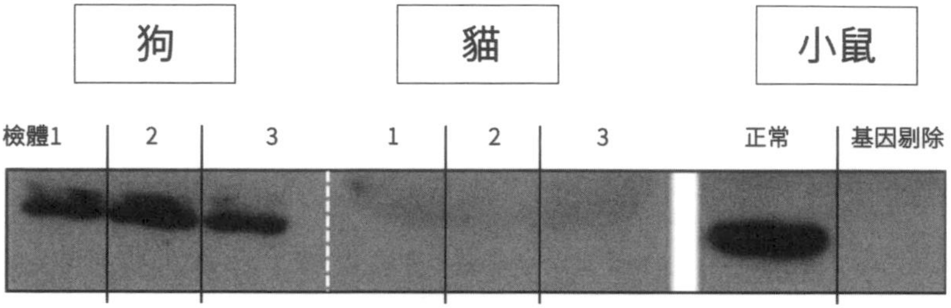

只有貓沒有辦法在轉漬膜上呈現黑帶（不發光）

血中AIM的西方墨點轉漬法

度。當血液中存在有大量ＡＩＭ時，便會因附著有大量抗體而發出強光，相反地如果沒有ＡＩＭ的話就不會發光。

然而結果是，在狗身上與人類及小鼠同樣地可以看得見血液中的ＡＩＭ確實散發著光芒，但只有貓是完全不會發光。

因為其他動物的ＡＩＭ都會因這抗體而發光，所以貓不發光的話，便單純地想作是「因為貓不具備ＡＩＭ吧」。因此，這時候的我只有「咦，貓身上沒有ＡＩＭ」這種程度的印象。

我畢竟是人類的醫生，老實說，也並不覺得此結果會與什麼重大發現有所連結。

所以，雖然向玉原教授傳達了實驗結果，但沒有更進一步去進行貓的相關研究，也沒有發表成論文，就只是放置著。

與兩位獸醫師的相遇

之後在過了接近三年的二〇一三年四月，我被邀請參加在六本木之丘定期舉辦以一般民眾為對象的系列講座，針對AIM進行了演講。

當時的內容是對於動脈硬化、肥胖、脂肪肝、以及最新的肝癌等，先前已顯現結果之AIM治療效果，整體來說以「生活習慣病」的範疇作為基調。「AIM是對於堪稱『現代病』的各種相關疾病有治療效果之關鍵的蛋白質」這樣的內容。

不過，我在演講的最後不經意地回想起來，就稍微提到「貓好像沒有AIM」的前述實驗結果。因為是鎖定一般民眾的演講，而且或許多少也帶點想要活絡氣氛的心情，自己也不清楚為什麼當時會想起貓的ＡＩＭ，明明距離結果出來都已經過了三年。

生活習慣病在當時已經成為重大社會問題，對於願意撥空來聽演講的人們來說是非常切身的話題。而且，與其相關的眾多疾病都或許都能以ＡＩＭ來治療的可能性，對於一般民眾來說似乎衝擊性也強，一個半小時的演講後，許多為了提問的人在我身前排起隊來。

在那人龍的最後是兩名男子。可能已經排了相當長一段時間。

原本以為應該會與其他人一樣提生活習慣病的問題吧，但結果一開口就是問：「貓沒有ＡＩＭ嗎？」讓我有點措手不及。

原來這兩位是在東京．世田谷的成城經營動物醫院的小林元郎院長與同院的廣瀨友亮獸醫師。

據說小林院長們是剛好參加我的講座，聽到在最後的最後我簡單提及關於貓的ＡＩＭ話題後大吃一驚，所以「實在忍不住想要提問」。然

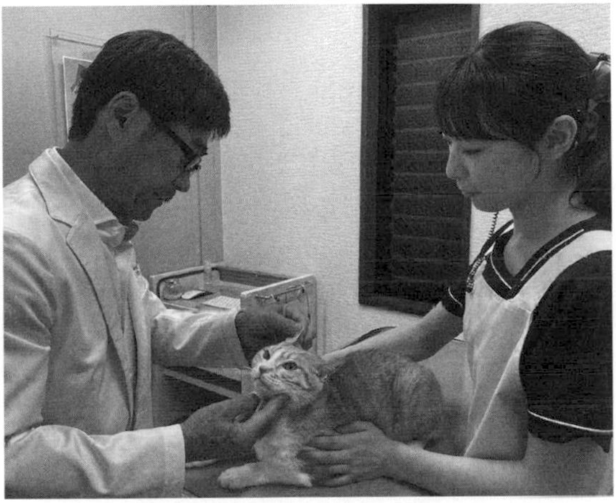

在成城經營著動物病院的小林元郎院長（左）

後，小林院長表示：「在目前寵物飼養風潮下有著過度保護的傾向，貓與狗的生活習慣病在獸醫業界也逐漸變成重大問題了。」

我想了下便回答：「原來如此，這麼一說的話，不具備ＡＩＭ的基因剔除小鼠容易發胖，與同樣不具備ＡＩＭ的貓圓潤豐滿的樣子還真有點像呢。」不過，之後小林院長補充說明地提到：「另外，貓（家貓）不知為何，得腎臟病的非常多。幾乎所有的貓都是病死於腎臟病。目前不知道原因，也沒有治療法。」我聞言後大吃一驚。

為什麼呢？這時候我剛好正開始ＡＩＭ與腎臟病關聯性的正式研究，已得到不具ＡＩＭ的基因剔除小鼠得到腎臟病後不會恢復，且所有的基因剔除小鼠都會重症化的實驗結果。

然而該實驗是使用為了使其不具備ＡＩＭ，而以基因改造技術人為培育出的基因剔除小鼠，也是人為、強制性地造成腎臟病來進行的實驗。

所以，其實是有相當不合理的部分，某種意義上很難說是合乎自然生理的研究法。

然而，竟然有無ＡＩＭ的天然動物（貓）實際存在著，而他們在正常生活的過程中，全都自然地罹患腎臟病並不斷重症化。該事實將強力支持ＡＩＭ可抑制腎臟病惡化的假設，並暗示著可藉由ＡＩＭ來治療腎臟病的可能性。

藉由與小林院長之間簡短的問答，讓我更加深「名列『不治之症』清單首位的腎臟病或許能夠以ＡＩＭ來治療」的信心，我內心非常興奮。

小林院長又說：「貓腎臟病的治療，對於獸醫師來說是最大課題之一。」

獸醫學原本是以牛馬為對象所發展而成的一門學問，但現在街頭巷尾的動物醫院全都變成以治療飼養為寵物之動物的疾病為主要工作。

聽到現在獸醫師業界最大的謎團之一是「為什麼貓特別容易罹患腎衰竭？」，完全與我投入醫學研究的動機是一致的。

貓的腎臟病與人類的腎臟病都曾是「不治之症」，但至少不具備AIM的貓之腎臟病，或許能夠以AIM來醫治。

我心中突然湧現幹勁，對小林院長說：「同樣的，對醫生來說人類的腎臟病治療也是最大的課題之一。」當場，就與兩位獸醫師意氣相投，變成「就讓我們試著徹底地來進行貓的AIM研究吧」的情況。

我也獲得小林先生承諾：「若有作為獸醫能幫得上忙的地方，請儘管說」。這段與小林院長之間簡短的問答，正是貓用藥研發的起點。

不過話說回來，若沒有幾年前臨時起意作過的實驗，我應該也不會在演講中提到貓的ＡＩＭ，那麼小林院長們也不會特地前來提問就直接離開了吧。

人與人相遇的偶然實在是太不可思議了。

解開貓之ＡＩＭ的祕密

其實在這講座舉辦的同時，二〇一三年四月，我研究室來了一位名為杉澤良一的研究生，是為了博士課程的研究而就讀研究所。

他是日本獸醫生命科學大學出身，在二〇一〇年讀到刊載於《細胞代謝》」上ＡＩＭ「去除囤積在脂肪細胞中的多餘脂肪」如此作用的論文，之後又看到我參加過的電視台節目後，開始對ＡＩＭ抱持興趣。

在正打算開始貓的研究的時間點，很巧地剛好就有獸醫系的畢業生進到研究室來，所以馬上以他為中心，進行了幾項實驗。

然而，讓人驚訝的是發現到：貓體內並非沒有ＡＩＭ，其實是完整具備著的，在血中的濃度甚至比人類或小鼠都要更高。

但更耐人尋味的是得知：即便罹患了腎臟病，貓的ＡＩＭ也不會從ＩｇＭ五聚體脫離。

也就是說，貓的ＡＩＭ在戰時狀態也不會從航空母艦即ＩｇＭ起飛，是「派不上用場的戰鬥機」。

在解析貓的ＡＩＭ基因後發現與ＩｇＭ相連部分的胺基酸序列，跟人類及小鼠的ＡＩＭ在先天上便有所不同，形成為難以從ＩｇＭ脫離的形狀。

而在進行動物血液的解析時，用於實驗的對ＡＩＭ抗體之所以只對貓的ＡＩＭ沒有反應，是因為貓的ＡＩＭ中存在著與其他動物不同的獨特胺基酸序列。

雖說如此，但因為貓本來就具備ＡＩＭ，如果有採用正確的抗體就可以觀察到會和貓的血液產生反應。若當時有產生反應的話，可能就會

人與貓之AIM的差異

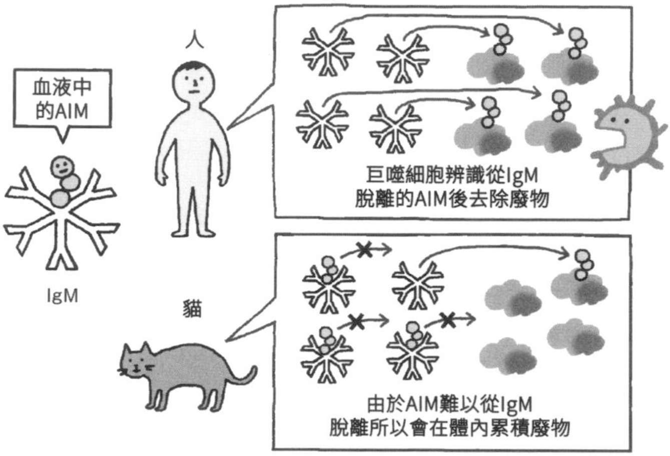
人
血液中
的AIM
IgM
巨噬細胞辨識從IgM
脫離的AIM後去除廢物
貓
由於AIM難以從IgM
脫離所以會在體內累積廢物

認為「貓及狗都與人類一樣擁有著AIM」，那麼我對動物的關心可能在此處便會告一段落了吧。那麼，就不會發展出與小林院長的關係，也不會發現到貓腎衰竭的原因是出於AIM並未發揮作用。這麼一想，那幸運的連鎖都令我起了雞皮疙瘩。

後來，與杉澤同學將貓的AIM基因單離，接著，透過基因改造製作出了具有貓之AIM的小鼠（AIM貓化小鼠）。

此小鼠的其它基因全部都是小鼠的，只有AIM變成了貓型。雖說ＡＩＭ是貓型，但也不會就開始「喵喵」叫，外表看起來就是普通的小鼠，而在使此小鼠腎臟病發作後，一如預期地ＡＩＭ並未從ＩｇＭ五聚體脫離。

因此，便無法清除堆積於腎小管的碎片，腎臟病持續惡化無法恢復。

這就是所有貓會陷入嚴重腎臟病的原因。

貓明明有著大量ＡＩＭ這樣的戰鬥機，但由於無法從母艦起飛，所以無法攻擊碎片這樣的敵人，而導致腎臟不斷地惡化。

然後，對此「ＡＩＭ貓化小鼠」注射功效正常之小鼠的ＡＩＭ後，便成功使腎臟病的惡化得到抑制而開始恢復了。

這即意味著貓的腎臟病可以用小鼠的ＡＩＭ來治療。

將這些結果在二〇一六年，以杉澤同學為第一作者發表在《科學報導》後掀起廣泛的討論。正好是將第五章所提到的人類腎臟病的研究成果在《自然醫學》上發表論文後不久的事。

稍微離題一下，原先便預期到以杉澤同學為第一作者之貓的ＡＩＭ相關論文所造成的衝擊將非常大，所以一開始是向《自然》投稿。然而，收到「因為是貓，所以不具普遍性」的審核結果，而沒能獲得刊載。

不過，《自然》的責任編輯所回覆的意見非常有趣。寫著：「就個人來說，自己養的貓也才剛死於腎臟病，所以我認為是非常有意思、重要的論文。希望務必將ＡＩＭ作成藥物」。雖然想著「既然如此就幫忙刊載論文嘛……」不過也算是一件顯示對於貓之腎臟病治療需求的插曲。

貓科動物的不可思議

之後繼續深入調查，發現老虎、獅子、豹、獵豹等絕大多數貓科動物都有著貓型的ＡＩＭ，果然他們也常罹患腎臟病，且大多是死於該原因。

而且，從事動物相關工作的人們非常關心ＡＩＭ發揮對於貓科動物之腎臟病治療效果的可能性。

在二〇一七年六月位於和歌山縣白濱之冒險大世界的社長與獸醫師特地來研究室拜訪，我才了解到對動物園來說貓科動物的腎臟病已是重大課題。

即便在貓科動物當中，獵豹壽命也顯得格外地短，據說不管是野生還是在動物園的個體都只能存活八年左右。而且，據說有百分之百的死因是腎衰竭。

由於所有的獵豹年紀輕輕就會死去，所以要在動物園繁殖也相當困難，而在明令禁止交易有滅絕危機之野生動物的華盛頓公約生效下，也變得無法將獵豹進口至日本。

「這樣下去，就會變得再也無法在日本動物園看見獵豹了。」

從兩人口中得知動物園相關人士之間存在有如此強烈的危機感。

為什麼只有貓科的ＡＩＭ沒有進化成正常的形狀呢？若以進化論來

大多數貓科動物 AIM 不會發揮機能

思考的話，是無解的。

對於貓科動物而言，即使要犧牲掉不會得腎臟病的優點，都要使AIM無法發揮作用，這樣到底會產生什麼好處呢？

雖然目前還沒有解開此疑問，不過今後或許會找到與AIM相關的其重大發現。

第七章

對腎臟病貓投予 AIM

在腎衰竭末期貓身上的驚人效果

將話題拉回到二〇一三年，在六本木之丘的講座與小林院長初次交談後沒多久，他便為我介紹了日本獸醫生命科學大學的新井敏郎教授。新井教授原本是專門進行動物的糖尿病研究，不過對於ＡＩＭ與貓腎臟病的關聯非常感興趣，所以就一起進行了各種實驗。

雖然我的研究室有一位曾修讀過獸醫學的杉澤同學，但在醫學院要進行貓的研究，還是有許多困難之處。因此不僅向新井教授委託提供貓的血液與腎臟的組織切片等，並也請教了許多貓腎臟病的情況與獸醫學的知識。

於是在杉澤同學作為第一作者之『科學報導』的論文中，也請新井教授列名共同作者。

這篇論文統整了貓ＡＩＭ基因的分離與解析、利用貓化小鼠產出貓型ＡＩＭ等成果，而在推進該研究的過程中，新井教授曾提案：「總之要不要先試一次，對腎衰竭的貓投予ＡＩＭ呢？」

當然這並非臨床試驗，只是學術性的投予實驗，且是對貓飼主充分說明並取得許可後才進行的。

我們一直以來的動物實驗全部都是以小鼠來進行，手邊有許多小鼠的ＡＩＭ。另外，此時與新井教授同樣參加了貓ＡＩＭ研究的北里大學獸醫學院岩井聰美教授，也已驗證對於急性腎衰竭發作的貓投予小鼠的ＡＩＭ後，腎衰竭獲得緩解，因此已知小鼠的ＡＩＭ是會對貓生效的。

不過，至今為止，一次都沒有對自然發展出慢性腎臟病的貓投予過ＡＩＭ。

小林院長與新井教授幫忙找到了罹患腎臟病的貓。

那貓就是在序章中所介紹過的褐色虎斑貓小雉。

ＡＩＭ的投予量設為一天2㎎，這是從存在於貓血液中之ＡＩＭ的總量為1～3㎎來決定的。存在於貓血液中的ＡＩＭ會緊緊黏在ＩｇＭ上而無法脫離，若其像人類一樣從ＩｇＭ分離的話，會呈現出怎麼樣的效果呢？透過此次的投予便能夠加以確認。

結果，從第一次注射ＡＩＭ後狀態便不斷明顯好轉，打完第五劑後就能夠精神奕奕地四處走動，也變得能夠自行進食了。在原本腎衰竭末期的小雉身上居然出現這麼戲劇性的效果，實在讓人難以置信，不過從岡田獸醫師所傳來的影片來看確實是活蹦亂跳著的。

在末期腎衰竭的狀態下，腎臟已是完全死亡的狀態。而已死的細胞不會再復活。

的確，只要ＡＩＭ將存在於腎臟中之死亡細胞的碎片與炎性物質清除乾淨的話，搞不好在那過程中，腎臟細胞一定程度地再生的可能性也不是完全沒有。

不過，以小雉的情況來看，在施打ＡＩＭ後馬上就變得有精神了。

所以，也很難想像是已死的腎臟復活了。事實上，表示腎功能之血液指標的肌酸酐（Ｃｒｅ），在ＡＩＭ投予的前後並沒有什麼太大變化。

那麼到底發生了什麼事呢？

可能性只有一個。

唯一能想得到的就只有：**腎臟死亡而在血液中囤積了大量老廢物質亦即尿毒素，藉由ＡＩＭ被清除乾淨了。**

或許就好像在ＡＩＭ的注射下，獲得了與做完透析般相同的效果。尿毒素就像是血液中的廢物，所以能夠藉由ＡＩＭ來清除也不奇怪。

只是，尿毒素中有非常多種類，而且遺憾的是並不存在任何一種手段，能夠將其中它們各個在血液中的增減網羅性地加以解析。這點在人類身上也是同樣的情況。

所以，對小雉投予ＡＩＭ後，並無法調查是哪種尿毒素被清除掉了。

另一方面，血液中的尿毒素會在全身造成炎症反應，所以當陷入末

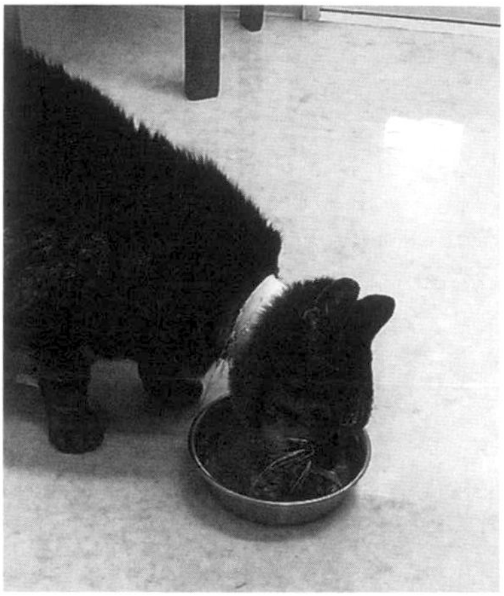

AIM 投予後，變得有精神的末期腎衰竭的小雉（照片提供：岡田優紀獸醫師）

期腎衰竭的話，血中的發炎指標數值就會逐漸上升。小雉同樣在ＡＩＭ投予前，「ＳＡＡ（血清澱粉樣蛋白Ａ）」之顯示全身炎症反應的指標數值顯著地持續上升著。

而在注射ＡＩＭ之後，ＳＡＡ的數值急遽降低。這點雖然是間接性的，但可說「顯示全身的尿毒素已減少了」。

若對小雉這樣末期腎衰竭的患貓投予ＡＩＭ的話，似乎有尿毒素減少，全身狀態顯著改善的效果。

雖說如此，由於腎臟本身已經喪失所有機能，所以即便藉由

AIM暫時去除尿毒素，應該還是會再慢慢囤積回來。這也與透析是同樣的原理。

不過以小雉來說，在投予AIM後，暫時是會有精神的。然後，當再次變得無精打采時，又接著投予AIM的時間是在一個月後。

若是人類的透析的話，每週必須要進行數次才行。若以此為基準的話，一個月算是相當驚人的長度。

為什麼小雉的AIM效果會這麼持久呢？目前還不太清楚。不過，從事實來看，在之後以月為單位間隔（有時相隔三個月）地注射AIM，原本被宣告只能再活一到兩週，虛弱到連眼睛都睜不開地的小雉，從那之後又活了一年以上。

不過，在研究室所能夠培養的AIM之份量畢竟有其極限。

因此，當有一陣子無法投予AIM時，很遺憾地，小雉就在某一次病情急速惡化後去世了。「若是已經能夠持續定期地注射AIM的話，或許……」我到現在還是覺得非常遺憾。

小雉的治療每次需要２㎎的ＡＩＭ、五次投予總計10㎎，但在大學的研究室要製作10㎎的ＡＩＭ需要耗費相當大的勞力與研究經費。再加上也有在對小雉以外的貓投予ＡＩＭ，且其它實驗也開始變得需要使用大量的ＡＩＭ。所以便無法預先儲備10㎎的ＡＩＭ，以供像小雉那樣狀態急速惡化的貓使用。

雖然小雉的飼主非常能夠理解其中的苦衷，但我與小林院長都開始想著：「希望能夠盡全力將ＡＩＭ研發成貓的腎臟藥」。

從幼貓開始ＡＩＭ投予，使壽命倍增的可能性

如前面所述，在貓身上的ＡＩＭ不會從ＩｇＭ分離，所以即便發展成腎臟病，腎小管的堵塞也不會被消除，腎元只會一個接一個逐漸壞死。然後當一定程度數量的腎元變得無法發揮機能時，肌酸酐等血中腎功能指標便會開始上升，才會被診斷為「慢性腎臟病（ＣＫＤ）」。

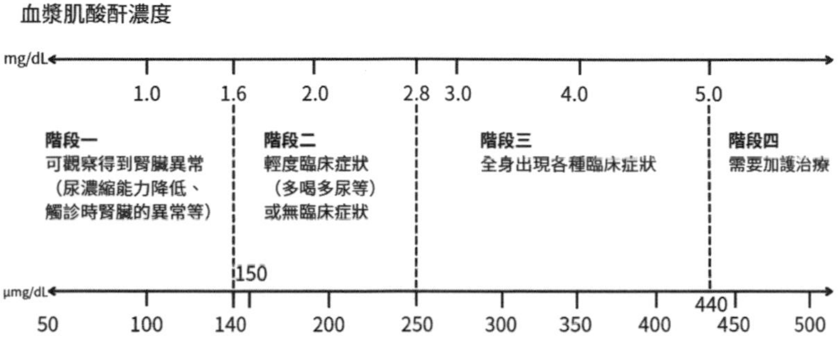

依據IRIS所劃分之腎臟病症狀的階段
（好人出版參考原書及IRIS〔國際獸醫腎臟病研究團體〕網站所製作）

之後腎小管的堵塞所造成的腎元死亡仍將持續，且到了此一階段，同時腎臟內部也會陷入慢性發炎狀態，該發炎本身就會更加助長腎元的崩壞，腎功能就會像從陡坡滾落般迅速惡化。

但腎臟有兩個，就如同眾所皆知的，就算只剩一個也能夠維持充分腎臟的機能。

因此，只要兩邊腎臟有相當程度的部分不演變全喪失機能，就不會變得無法過濾老廢物質而陷入尿毒症的狀態。以貓來說，平均要花十年以上才會到達尿毒症的階段。

此階段在獸醫學中被稱為「IRIS階段四」，會顯現食慾衰退、體重減少、貧血、全身性發炎（SAA等血中炎症指標上升）等伴隨尿毒症而來的各種症狀，且貓的全身狀態會急速惡化。

進入階段四後，通常只能再活幾個月。相反地，到階段三為止，雖然腎臟指標會緩慢地持續上升，但曲線平緩，貓全身也幾乎看不出有什麼異常症狀。

貓沒法以言語來傳達自己的身體狀態，所以飼主便不會察覺到自家貓的腎臟正逐漸惡化。然後到達階段四，貓的身體狀態開始急速地惡化，大多都是在這時候才慌張地帶貓去看獸醫。

然而，這裡很重要的一點是貓會得腎臟病的主要原因，是AIM無法發揮先天上的功能。

亦即可以當作是一種「遺傳病」。

既然是遺傳病就可以想像得到：以貓來說腎臟惡化便是宿命，基本上全部都一定會惡化的，而腎小管的堵塞所造成的腎元死亡則跟我們不同，是從出生後不久，便已在所有貓身上開始進行著的。

既然如此，AIM最具效果的使用法便是從出生後便定期地投予AIM。只要這麼做的話，應該就能定期地清除腎小管的堵塞，而不至發展成腎元的破壞，腎臟也就從一開始就不會惡化了。

也就是，可以想作從幼貓時就開始投予AIM的話——「貓的壽命就能夠增加目前的一倍到三十歲左右」——許多獸醫師們也都這麼說。

不過，雖然這種AIM的使用方式對貓而言是最好的醫療，但對於從現在起要開始製作藥物、進行「試驗」以獲得作為藥品的認證，可就不能說是適當的時機。

為什麼呢？在調查藥物效果的試驗中，必須要將受試者（這種情況下為受試貓）分成兩組，對其中一組投予AIM，對另一組則不投予AIM，藉此來比較腎功能的差異才行。

然而，在從出生後便開始觀察的情況下，在未投予AIM的組別中，到血中腎功能指標上升而能夠判斷腎臟已惡化為止，將耗費數年的時間。那樣的話，對於試驗進行的時間來說是過長的。

一旦獲得認證許可而開始作為藥物使用的話，之後只要由獸醫師對包含從出生後便投予在內之各階段的患貓來使用ＡＩＭ即可，但在試驗當中，就必須盡可能地在短時間內使投予ＡＩＭ的群體與未投予的群體之間，出現明顯的腎功能差異。

為了探究在何種階段投予ＡＩＭ，在最短期間內ＡＩＭ的效果最能夠清楚掌握，在小林院長的協助下，委託數名全國各地受院長信賴的獸醫師夥伴，請他們對不同階段的患貓投予ＡＩＭ。從二〇一七年一月開始持續討論並調整，從當年六月進行了約三個月期間的投予。

結果，一如原先所預期地，在慢性腎臟病的初期（ＩＲＩＳ階段二或三的初期），就算二到三個月持續投予或不投予，腎功能指標也不會有變化。

可能的話，即便是此階段，只要持續觀察數年的話，ＡＩＭ投予群體與非投予群體在腎功能指標數值上就會逐漸出現明顯差距，但在只有作為試驗進行期間之數個月的跨距內並不會出現差距。

另一方面，在對像小雉這樣的IRIS階段四的貓投予AIM的情況下，每隻貓都因暫時清除掉尿毒素而變得有精神。

然而，在此階段，有些貓可能隨著末期腎衰竭而導致重度貧血或齒齦炎等其它症狀已進展至束手無策的狀態，或所積累之尿毒素的量各不相同，所以很難得到穩定的結果。

也就是，每隻貓的症狀與重症程度會有大幅差異，所以必須要一隻一隻地調整AIM的投予量與投予間隔才行。這點果然還是要在AIM取得認證許可後，在臨床現場來進行會比較好，而試驗畢竟還是有必要以一定的規範（程序）來進行，所以對臨床治療來說並不適當。

使貓的腎臟病停止惡化的效果

於二〇一六年三月開始投予ＡＩＭ的俄羅斯藍貓小樂，是ＩＲＩＳ階段三的後期，儘管全身狀態仍屬良好，但繼續下去的話很有可能近期就會進入階段四。

據飼主岩崎先生表示，小樂在兩歲（以貓來說也還相當年輕）時便罹患腎衰竭，到開始投予ＡＩＭ的十三歲時，已持續十年以上長期定期往返醫院接受治療。

俄羅斯藍貓有著對飼主相當忠誠的個性，據說還被形容為「像狗一樣的貓」。而小樂也對岩崎先生寄予著絕對的信賴，所以才能夠全面接受一般貓所排斥的治療手段，像是動物醫院的診治、每天在家必須的皮下點滴輸液、餵藥、刷牙等慢性腎臟病治療所需的一切方法。

正因為有著如此忍耐力強的個性，所以即便罹患腎衰竭十年以上，還是能夠將病狀控制在ＩＲＩＳ階段三，維持著良好的狀態吧。

小樂（照片提供：岩崎裕治先生）

對小樂的ＡＩＭ投予是在二〇一六年三月、同年九月、二〇一七年四月分三期，每期各進行複數次投予。

據岩崎先生表示，在ＡＩＭ投予後小樂的狀態確實是有變好，也有呈現在檢查的數值中。

對於飼主而言，愛貓恢復健康是最大的願望，岩崎先生也提到：「在開始投予ＡＩＭ後沒多久，相隔多年終於聽到喵喵叫著要吃飯，這是最切實感受到效果的時候」。以小樂的情況來看，此時藉由ＡＩＭ的投予相當有可能可以阻止

一期後（二〇一六年三月）開始有食慾的樣子

三期後（二〇一七年四月）身體狀態穩定，心情也不錯的樣子

二期後（二〇一六年九月）身體狀態變好，跳上最愛的貓跳台

AIM 投予後的小樂（照片提供：岩崎裕治先生）

病情邁入IRIS階段四。

就像這樣，雖然整體上病例數並不多，但在對各種階段的患貓投予AIM後，結果慢慢發現：在像小樂這樣的階段，亦即什麼都不做的話，隨時就會進入IRIS階段四，尿毒症有相當高的可能性開始急速惡化，在此一時期投予AIM的話，透過數個月的投予，與未投予AIM的貓之間出現了明顯的差異。

若要邁向研發治療貓腎臟病的藥劑，進行正式試驗的話，以此一階段的貓作為對象應是較適當的。

另外，雖然小樂藉由投予AIM身體狀態開始好轉，但大學研究室所能夠製造之AIM的量有其極限，所以在三期投予之後就先暫告一段落了。

預定間隔兩年左右的時間，從二〇一九年三月起開始進行第四期的投予，然而就在快到那時間點前，狀態就開始惡化而去世了。享年十六歲。

雖然岩崎先生非常感謝我們，但最終變成與小雉相同的結果，此時心中也非常地不甘心。

果然，還是要脫離在大學研究室如每天拚三點半、負債經營般地製作ＡＩＭ的狀況，建立將ＡＩＭ作為藥劑大量生產的體制，盡早取得認證許可，讓小雉與小樂那樣的貓都能夠一直持續使用ＡＩＭ才行。

為了實現這點，要在大學裡進行此計畫是不可能的。就只能與製藥公司合作，或者募集投資自己創立公司了。

我從與小林院長一系列ＡＩＭ投予研究告一段落的二〇一五年秋天起開始有這個想法，為了邁向正式的ＡＩＭ藥物研發，開始進行多方摸索。

我之所以開始貓之腎臟病治療的研究，如前所述是小林院長等獸醫師們的熱情與我「希望治療人類的『不治之症』」如此從事醫學的動機是一致的，所以追根究柢，目的還是在於要治療人類的疾病。

然而，實際與獸醫師們開始進行共同研究，直接收到飼養寵物的飼主們對AIM所寄予的期待後，切實感受到有那麼多人在飼養，他們是多麼地疼愛著貓。

每一位貓主人都非常疼愛貓。有些人或許甚至比對自己孩子投注的情感都要更多。

而那些飼主們全都為愛貓的腎臟病在煩惱著。並且正強烈期待著AIM。

在眼睜睜看著這些事情發生在眼前的過程中，心態逐漸從研究者又回到身處臨床現場的那時。

我希望想辦法治療這些腎臟病貓讓飼主們都能感到快樂。這尤其是在研修醫師時所常感受到的心情。

不知何時起，我對於患貓與其飼主的情感投入，已變得不亞於對患者與其家人的感受了。

第八章

貓藥的研發

無法以化學合成製作的ＡＩＭ

實際開始摸索貓用ＡＩＭ藥物（以下簡稱「貓藥」）的新藥研發後，我馬上就明白不是件簡單的事。

最初的難點就在於「ＡＩＭ是蛋白質製劑」。

與進行化學合成來製作的化合物（稱為「低分子化合物」）即一般藥物不同，蛋白質製劑在製造上會耗費無法相提並論的極高成本，且製造程序也變得更加複雜。

將ＡＩＭ作成藥劑的話，會變成與現在用於癌症之治療的抗體藥品為同一分類。

抗體藥品應用了基因改造技術等，以製造會專一性地與特定疾病相關分子結合的抗體，因此可以精準地狙擊並驅逐癌細胞等之抗原。

抗體是蛋白質，所以便是一種蛋白質製劑，而使用抗體藥品的治療會變得非常昂貴的一大原因，就在於製造上所耗費的龐大成本。而且，若是要生產抗體藥品的話，依照現在許多的開發經驗，對於製造方法已一定程度的掌握，但對於要生產不是抗體的ＡＩＭ，這會是世界上的首例，因此必須得要像在黑暗中摸索般地逐步確立製造方法才行。

另外，ＡＩＭ的蛋白質構造不僅比抗體更複雜且穩定性差，因此必須要非常慎重地製作才行，從我們過往的經驗中早已明白這點了。

要變成藥品化就更不容易了，儘管在科學上已充分證明其效果，但對於備齊如此艱困條件的ＡＩＭ新藥研發工作，沒有一間製藥公司敢隨隨便便就輕易地接下來。真要說的話，在日本本來就沒有幾間擁有可以自行製作蛋白質製劑設施的製藥公司。

雖然有試著跟幾間公司談過，儘管他們也都抱有相當大的興趣，但最終還是沒能得到令人滿意的回覆。

只能自力製作藥物，但……

如此一來，就得出只能自己創立公司來推動貓藥研發的結論了。

雖說如此，因為我是大學的研究者，所以就連公司要怎麼創立都不知道。首先，在大學的規章中就有著不能擔任民間企業社長的規定。向友人請教了許多並做了功課後，結果總算了解到比較妥當的作法會是與投資公司合作創立公司，再向一般投資人募集資金來推動研發。

但這不同於一般的產業，如前所述是挑戰需要龐大的成本、技術上也相當困難的製藥。而且，作為營利企業就必須得要有盈餘才行，與在大學透過研究室來製作實驗所需的量是截然不同的。

一直以來，我只是單純地進行研究，從來沒有抱持過像是要獲利等經營上的觀點。不過，當變成要創立公司逐步發展業務的話，就會受到來自投資者的嚴格要求，例如會需要在某一期限內以有限的資金完成一定程度的程序（里程）。

而那幾乎是不可能實現的事。

此ＡＩＭ新藥研發，實際上真的能夠穩定地取得如理論上的治療效果呢？對貓來說真的安全嗎？必須要一邊確認諸多條件一邊推動。

既沒法保證何時能夠完成，而一切都令人滿意的ＡＩＭ大量生產是否可行，也要等做了才知道。不僅如此，每一道程序都需要耗費龐大的成本。

這些事情，即便對不是科學家的人說明了，應該也沒法取得諒解的吧。畢竟是為了追求獲利才出資的，所以那樣的辯解也是絕對說不通的。

若持續無法實現要求的話，投資者就會馬上收手了。所以若讓我說句任性的話——對於這種研發計畫來說，「天使投資人」是必要的。

雖然以商業角度來說應該很荒誕無稽，但說得極端點，我認為若是想要完成的話，就必須要有如以前王公貴族般的大人物不提出任何條件、也不設定期限，只是作為一種期待或社會貢獻地提供所需資金，讓我能夠隨心所欲、自由地進行研究開發。

因為我是這麼想著，所以理所當然地就算我找投資公司的人員談，也很難取得雙方都能滿意的共識。無法進入「那麼就開始吧」的階段。

只有時間不斷地流逝。

明明ＡＩＭ對於腎臟病的效果都已經獲得驗證，當時卻處於無法將其藥物化的狀態，我為此不斷累積著焦慮。

「天使」降臨

不過轉機突然來到。

這又再次——只能想作是偶然的因緣際會。

我在東大本部所主辦的「Executive Management Program（ＥＭＰ；高階管理課程）」以社會人士為對象的系列課程，從二〇一二年起便一直擔任講師。

該ＥＭＰ創辦人之一的橫山禎德教授，擁有長期任職於大型經營顧問公司麥肯錫的經歷，從二〇二〇年起擔任東大生產技術研究所的特別研究顧問。也是提倡設計社會系統之重要性的人物。

或許因為彼此都是怪人而臭味相投，從參加ＥＭＰ之初便處得相當不錯。

我在為ＡＩＭ的新藥研發而頭疼的二〇一五年十月，剛好被邀請參加橫山教授所主辦的紅酒會。

到了現場一看，不愧是由橫山教授所召集的聚會，有幾位光是同桌都讓我深感壓力之各界大老也蒞臨現場。

而當時剛好坐在身旁的，就是擔任一間日本大型銀行總裁的大人物。

不經意地聊到ＡＩＭ的話題時，他感到非常有興趣，日後就有該銀行的創新業務開發相關人員前來拜訪我，並也對ＡＩＭ的新藥研發計畫提供了建議。

不過，當說明完前述的難題之後，果然還是顯露出與大家同樣一籌莫展的神色，而得出「的確採取一般型態的新創公司的話，似乎相當困難」的結論，當時並沒有獲得太大的進展。

從那時又過了幾個月後，收到來自同一大型銀行完全不同部門的聯絡。

雖然沒有仔細問是從哪邊聽說關於ＡＩＭ的事，不過原來是希望我去一個集會演講，那是前面提到的大人物所支持、各種業別公司創業者的集會，該集會的成員會定期地從各界邀請講師來舉辦讀書會，所以想請我去「介紹ＡＩＭ的話題」。

結果當天去了現場，是由好幾位相當知名企業的創辦人所組成的小型讀書會。

剛好在那稍早之前，人類急性腎臟病相關的論文、貓與ＡＩＭ相關的論文剛問世，也獲得新聞等的專題報導，所以就以腎臟病的話題為中心，穿插小雉與小樂的故事，演講了一小時左右。

演講結束後，大家好像非常感興趣地提出了許多問題。不愧是白手起家建立知名大企業的人們，儘管醫療不是他們的專業，但也有幾個是相當一針見血的提問。

其中，X公司的創辦人且擔任董事長的人似乎格外感興趣的樣子，提出「這也就是說，至少製作貓藥的準備已經一切就緒了？」這樣的問題。

我回答：「科學上是如此。但若要製作藥物，有別於我們一直以來所做的ＡＩＭ基礎研究，還有將ＡＩＭ作為藥物加以研發的程序、進行治療效驗、申請認證以取得許可證等程序。這些要在大學、僅靠我們的力量來推動，光從研發費用來想就是不可能的事。不過，如果是動物用藥的話，與人用藥的研發相比，費用與時間上應該都可以再壓縮。」

那位董事長在讀書會後的餐會也坐在我旁邊，繼續就ＡＩＭ提出了各種問題。

最後，被問到：「要製作貓藥，你認為需要多少研發經費？」

因為太過突然，我也沒有預先準備正確的數字，就回答概略的預想金額，那人沉默地點頭之後，接著就開始聊起與研究無關的話題了。

之後過了幾天，Ｘ公司董事長的特助聯絡了我，表示：「董事長對ＡＩＭ非常有興趣，包括研發計畫在內希望再一次詳細地向您請教。順道一題，最近會在海外進行公司幹部們的例行集合會議，能否請您一同前往該地呢？」。

被只見過一面的人邀請前往海外，一般應該都會抱持警戒才是，但當時我馬上回答：「好，我去。」

然後在一個月後，我與Ｘ公司人員一同前往當地，再次在董事長面前說明ＡＩＭ，並提到以貓藥研發為目標我所構想出的路線圖。

而讓人大吃一驚的是，在幾個小時後，便以「Ｘ公司提供所有的研發資金，與我均等持有股權」的條件成立新創公司，做出了「一起製作貓藥」的決定。

董事長表示：「科學的事我不懂，所以全部都交由宮崎先生作主。讓我們團結起來努力拯救全世界的貓吧。這可是社會貢獻呢。」

簡直就是夢裡才會發生的事，「天使」真的降臨了。

此時，我從這瞬間起除了身為大學教授的教育者・研究者，也同時變得得要正式推動製藥研發，切實感受著巨大的喜悅與責任深重，而更堅定了決心。

之後在當地停留了一天半左右，不過並沒有去觀光，而是一直窩在房間裡絞盡腦汁思考著如何進行ＡＩＭ製劑的研發。

我終於站上了ＡＩＭ動物用新藥研發的起跑線。

從二〇一六年十月認真思考貓藥的新藥研發開始，大概過了一年的時間。

第九章

邁向臨床試驗

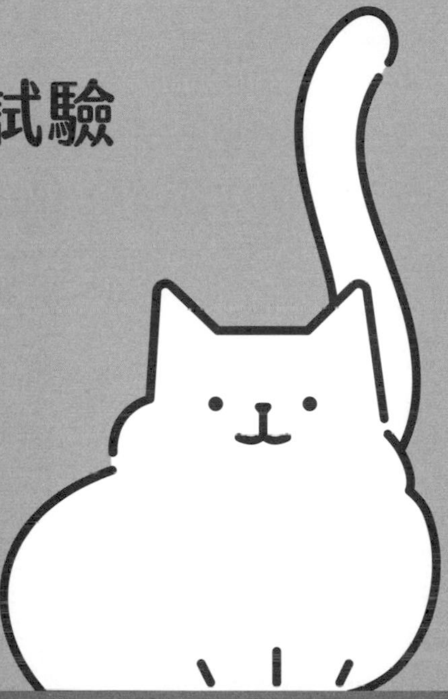

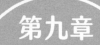

跳過製藥公司的新藥研發計畫

我所設立的新創公司，從二〇一七年起開始ＡＩＭ之貓藥的研發作業。

然而，並非只要我以研究者的身分證明ＡＩＭ對包含腎臟病在內的疾病有效的話，ＡＩＭ就能夠馬上變成藥品。還必須要製作出作為產品的ＡＩＭ藥才行。

一起研發的Ｘ公司也是與醫療或製藥毫無任何關連性的公司，所以是完全的門外漢。一般正統的作法是由專業的製藥公司將我們研究者的成果做成「藥物」，但這次卻是跳過製藥公司，由一名研究者跟與製藥毫無關係的夥伴一起合作製藥，將會是一場重大的挑戰。

可能至今從未有過以這樣形式來研發新藥的前例吧。若是成功的話，將會成為嶄新的新藥研發計畫形態的範本。這也可說是一種社會實驗。

那麼，在新藥研發中會有兩大程序。

一個是就像字面意思般的「製作藥物」，而此又可以概分成兩個步驟。

首先必須要實現ＡＩＭ的大量生產。

如前述，身為蛋白質的ＡＩＭ無法以化學的方式來合成，所以只能讓培養細胞努力地生成。若是能夠合成的話，要大量生產就很簡單，但細胞製造蛋白質的能力有其限度，必須要下各種工夫，將細胞的能力提升至瀕臨極限，來盡可能地製造大量的ＡＩＭ。這絕不是件簡單的事。

而當成功實現大量生產以後，接著就需要將ＡＩＭ精製成沒有不純物的純淨狀態，以確保將培養細胞所製造出的ＡＩＭ注射至貓的體內也不會產生問題。

而且，這兩個步驟，都必須要以通過所謂「可靠性準則」之無數細微條件的形式加以確立後，才能夠讓成品被認可作為藥物。總之將耗費

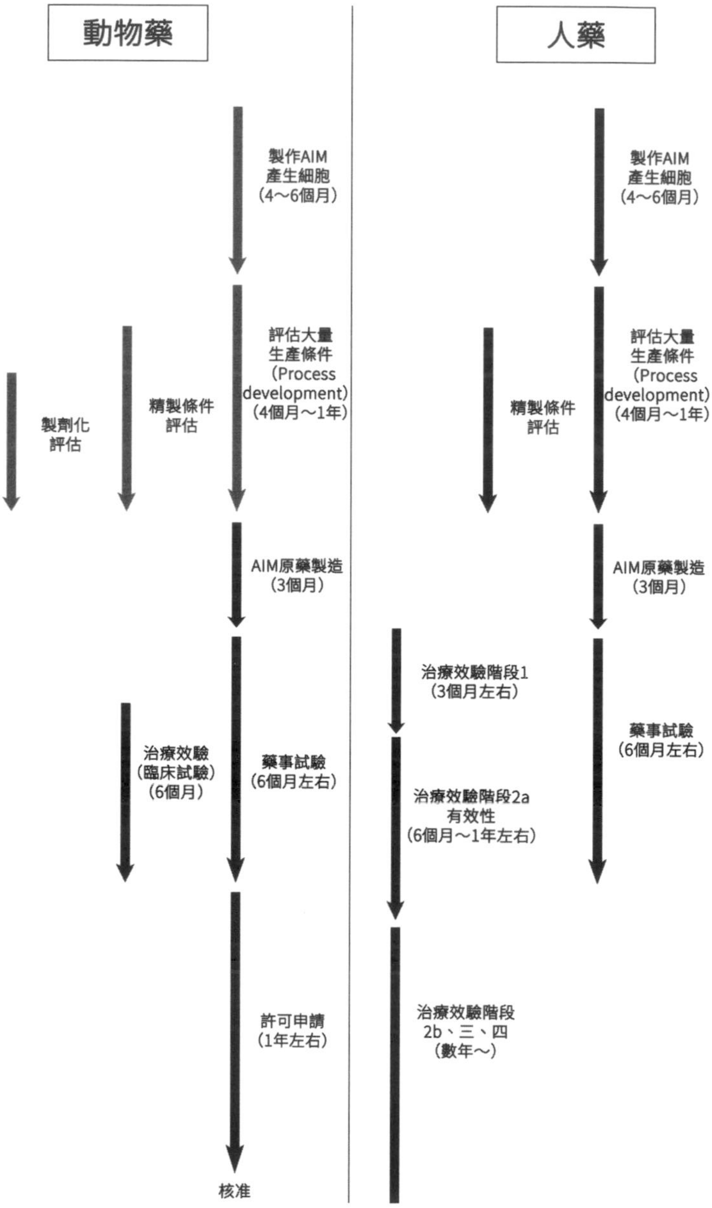

邁向AIM新藥研發的路線

大量的精力與經費。

另一項程序，是對實際的患貓投予ＡＩＭ來進行研究，即一般被稱「治療效驗」的臨床試驗。

為了讓治療效驗盡可能在短期間內成功，就必須預先評估並決定要將ＡＩＭ在腎臟病的哪個階段、以多少次多少劑量來投予，以及要採靜脈注射好還是皮下注射好等等的過程。接著，再依此來決定臨床試驗的規程（程序）。

以動物用藥來說，臨床試驗是一次定生死，所以不容有錯，一定要成功才行。

因此，必須在事前先確立起實際在貓身上投予ＡＩＭ的相關方法。一直以來，這是在小林院長的協助下以少數患貓進行評估，而今後將有必要對更多的貓進行研究。

將ＡＩＭ藥物化的第一道程序，由於獲得了創業夥伴Ｘ公司的絕對信賴，所以進展非常迅速。每一道工序的決定都非常迅速是主要原因。

不需要一一地開會商討評估，可依我們研究者這邊的判斷不斷地推動計畫，構成了極為理想的研發工程。

接著與具備如此製藥所需之技術與設備（需要數百・數千升容量的巨大培養裝置），承攬實際作業的承包公司共同合作，最初是在日本，之後轉而在台灣推動研發。

另外，為了進行相關研發的基礎研究，在東大內也用X公司的捐款設立了AIM新藥研發研究的講座，有別於我原本研究室所進行之AIM與疾病間關係的更基礎性的研究，另外獨立地推進貓用藥的研究。

以國家計畫推動新藥研發的台灣

與台灣的承包公司合作研發之後才知道，在台灣早已預料今後蛋白質新藥研發將會不斷增加，而將製作蛋白質製劑之一系列系統的基礎，作為「國家計畫」編列國家預算來打造，之後又從其中分拆出許多民間企業。

因此，在製作藥物時不同階段的承包公司之間常有機會相互合作，且在如此公司實際從事作業的人們對於製作藥物的整體工程都能夠如俯瞰般明確掌握。

很遺憾地，在日本雖然有相當多製藥公司致力於癌症的抗體醫療（當然這也是一種蛋白質製劑），但蛋白質製劑研發所需之系統的基礎建設在日本國內幾乎是沒有的。

或許是這緣故，台灣的此承包公司似乎也很常收到來自日本製藥公司的委託。

實際到新藥研發現場作為核心負責人參與其中，深刻地感受到新藥研發作業與醫學研究有多麼不同。

遇過好多次以研究者的觀點來看毫無問題的地方，但若以新藥研發的觀點來看卻會是「完全不行」的情況。

在研究與新藥研發的領域，甚至就連平時的用語都不一樣。曾經一日往返地前往台灣工廠進行討論，也曾與台灣技術人員開過多次線上會議。而由於雙方用的是都非母語的英文，所以溝通上並不是那麼順暢。不過，當我方這邊全心全力地投入其中，台灣的人員們也都以非常充足的幹勁來回應。在持續共同作業的過程中，我相信彼此間已構築起強韌的信賴關係。

如此過了約三年，雖然幾經峰迴路轉，總算是走到要決定大量生產與精製之方法的階段。

X公司的人員應該也相當辛苦。徹頭徹尾的門外漢們為了努力跟上我們的腳步而拚命地惡補相關知識。X公司的人員從年輕人到年長者全都是堅持不懈的努力家。一想到有這樣的人們在支撐著日本的經濟，就覺得相當放心。

對我自己來說也是一種學習成長。現在已經能夠同時抱持研究者與藥劑研發者兩邊的觀點，這點對於今後在貓藥之後繼續研發人用藥物時，應該也將會成為非常重大的資產。

全日本獸醫師的協助

而且，對患貓投予ＡＩＭ的研究，獲得了全日本無數獸醫師們莫大的協助，到二〇二〇年為止順利進行了三次的試驗。

如前述，與ＡＩＭ製劑的研發同樣重要的就是探尋投予時機，亦即在所有貓身上緩慢地進展的慢性腎臟病當中，找出在哪一階段投予ＡＩＭ會是最適合進行治療效驗的。

因此，第一次是從二〇一七年開始事前溝通與調整，以小林院長為中心請其協助尋找各種階段的患貓，並從六月起進行對每一隻貓僅投予一次ＡＩＭ的試驗，為期約三個月。

第二次是從二〇一八年冬天開始事前溝通，在位於鳥取倉吉市的公益財團法人動物臨床醫學研究所的主持下，委請與研究所有關係的幾名獸醫師，對於以主要屬輕症的IRIS階段二與階段三前期的患貓為中心投予數個月的AIM。

而第三次是從二〇一九年冬天起，在東京的高島平手塚動物醫院、川崎市的竹原獸醫科醫院與小林院長的協助下，聚焦於再過二到三個月狀態就將急遽惡化的IRIS階段三後期，進行為期三個月的AIM投予。

結果確認了。果然在小樂的階段、快要進入階段四的階段三後期投予AIM的話，在數個月內就能夠明顯觀察得到AIM的效果，從此點來看是最適合治療的階段。

在此過程中，也有機會對高島平手塚動物醫院的患貓，已進入階段四的TETO醬投予AIM。

TETO醬已經陷入重度腎衰竭，與開頭所介紹過的小雉是同樣的案例。在投予前光是要保持站立就很辛苦了，處於不怎麼活動、也不太

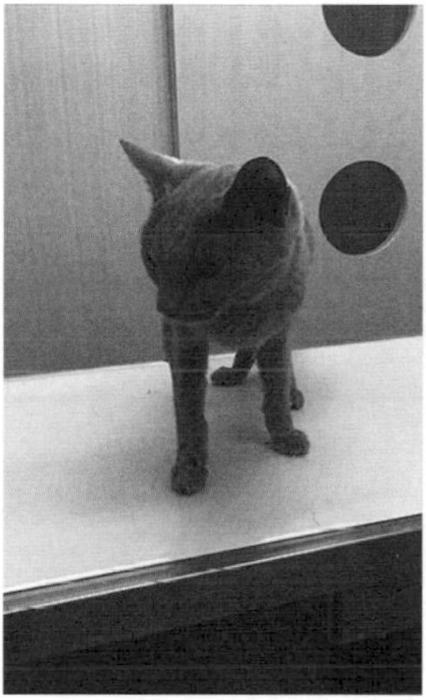

TETO醬（照片提供：手塚哲志院長）

進食的狀態，但在投予AIM一週間後，就恢復活力變得可以自己進食了。

耐人尋味的是與小雉同樣地，為尿毒症典型症狀之全身炎症其指標的血中SAA數值，在AIM投予後便大幅地降低了。

如前所述，由於階段四的貓其症狀依個體會有相當大的差異，所以會被認為不適合作為治療的對象，但也發現到有如同小雉與TETO醬一般，透過投予AIM後全身炎症減輕且症狀也獲得改善的案例。

山根義久獸醫師

在這段AIM投予研究的期間，試著接觸了許多獸醫師，而切實地感受到，果然不管是人類的醫生還是動物的醫生，都是純粹認真地思考著：「為了患者該如何努力對抗〈不治之症〉。」

現今在「健康一體（One Health）」的口號下，日本醫師協會與日本獸醫師協會共同進行疾病研究的趨勢正水漲船高，但我很清楚不管是人類的醫生還是動物的醫生，同樣都是以「想要幫助患者」的心情為最大的動機，孜孜不倦地投身於每天的醫療工作中。

特別是，向動物臨床醫學研究所理事長山根義久獸醫師請教了許多的問題。

原本在吉本立志成為搞笑藝人，但後來成為獸醫師，在地方以臨床醫師的身分有活躍表現後，被拔擢為東京農工大的教授，是培育了許多年輕獸醫師且個人色彩鮮明的領袖人物，其不屈不撓、豪邁的行事風格讓我也非常感佩。

多虧有山根教授的介紹，才能夠有機會與眾多獸醫師一起進行研究。對教授充滿著無限感謝。

貓藥的開發對於人類腎臟病研究的進步也有貢獻

就這樣，貓藥的研發相當順利地進展著，但此事不僅是對貓，也為人類腎臟病治療的研究帶來了重大的進步。

以人類來說，慢性腎臟病的發展會花上數十年，到最後腎功能降低而變得需要進行人工透析。

因此，在進行新藥的治療效驗時，若不慎選疾病的發展狀態（階段）的話，要確認其效果就會非常花時間，也使治療效驗本身變得更困難。雖然這與貓的情況是一樣的，但人類疾病的發展遠比貓要慢上許多，所以治療效驗的階段斟酌就更顯得格外重要了。

一直以來，腎臟藥的研發一直沒有什麼進展，這或許便是其中一個原因。

在壽命比人類短的貓身上，與人類腎臟病幾乎相同的歷程會以快上十年的速度進行，只要幾個月的期間，就能夠在各種階段嘗試ＡＩＭ的效果。另外從其結果，也能夠推敲出ＡＩＭ在各個階段主要會清除何種廢物。

對於今後在人類腎臟病進行ＡＩＭ的治療效驗時，這些知識見解對於思考在哪個階段投予多少量、以何種指標來判定效果上，將會是非常重大的資產。

拜幾乎都會得腎臟病的貓所賜，我們現在得以明確地描繪出人類用ＡＩＭ製劑中之治療效驗的設計圖。

另外貓用ＡＩＭ製劑的研發作業也同樣地成為人藥研發所需的預演。

研發像ＡＩＭ如此蛋白質藥劑的程序，依序進行以下工序：

①製作大量產生ＡＩＭ的細胞株
②評估使該細胞株最大限度製造大量之ＡＩＭ的培養條件
③將用以評估培養條件的實驗，一開始以250㎖左右的小規模培養來進行，再慢慢以2ℓ、5ℓ、50ℓ放大規模，並微調培養條件以使過程中的生產量不會降低
④評估將培養液中的ＡＩＭ作成高純度之ＡＩＭ所需的精製法及其

條件

（③與④的工序會變成幾乎同時進行）

如此研發會需要與擁有必要基礎設備的CRO（Contract Research Organization；受託研究機構），如前面所提過的，我們在研發上是與台灣的公司合作。

關於成為貓藥之基底的小鼠AIM，到④便幾乎結束。

如果是人用藥物的話，當然會使用「人類AIM」，但研發工程幾乎是同樣的，所以藉由貓藥研發所獲得的①～④之技術積累可以直接應用在「人類AIM研發」上。另外，對於研發上的問題點、困難處與其解決對策，也都已集聚了充分的知識見解，所以應該能夠相當順利地推展。

沒有副作用的ＡＩＭ

一直以來不斷地累積著對貓與小鼠的ＡＩＭ投予研究，但幾乎可以說「完全沒有ＡＩＭ本身所造成的副作用」地，並未觀察到副作用。

沒有副作用的理由，可以舉ＡＩＭ並非人工物質，是本來就大量存在於貓與人體內的自然物質，這是第一點。

另外，還可舉ＡＩＭ治療貓之腎臟病的機制也並非人為、違反自然生理的作法，只是使ＡＩＭ發揮一如原本在正常狀態下在體內的作用這點。

簡單來說，我們只是直接使用我們體內所具備的「廢物清除」機制，所以那根本不會對身體帶來負面影響（產生副作用）。

更甚者，從ＩｇＭ脫離而活性化的ＡＩＭ，在體內未被用於廢物清除的部分會在短時間內被排到尿中，並不會累積在身體當中，也是很重要的一點。

一般來說，藥物殘留蓄積在身體中往往就會引發嚴重的副作用，而ＡＩＭ的話就連這點也都不需要擔心。因為原本身體就會自然地調節，使已活性化的ＡＩＭ不累積在體內。

唯一只有在貓治療上並非使用貓ＡＩＭ而是小鼠的ＡＩＭ，由於物種不同所以會形成對小鼠ＡＩＭ的抗體。

有觀察到在非常罕見的情況下會製造非常大量的抗體，而以嘔吐等類似過敏般之症狀呈現。

所以在操作方針上會是，投予前藉由檢驗過敏指標之血液中的ＩｇＥ值，預先確認該貓是否為過敏體質，對於血液中ＩｇＥ值高的過敏體質貓便不使用，或慎重地投予。

對於人類則會使用「人類的ＡＩＭ」，所以就不需要擔心這點。

第十章

新型冠狀病毒與AIM

新型冠狀病毒的兇猛威力與貓用藥研發的中斷

貓藥研發到二〇二〇年三月為止，已經進展到要決定正式治療效驗所需之生產與精製之方法的階段。

之後就只剩下對ＡＩＭ的生產條件進行最後調整，大量生產治療效驗藥並儘可能地對大量患貓實施治療效驗，再依結果申請作為動物藥的許可而已。

雖然歷經許多的困難與問題，但憑藉著我們「無論如何都希望想辦法治療腎臟病貓，讓飼主們都能感到快樂」的熱情與執著，總算是關關難過關關過。

我心中就像回到住院醫師時代，心中只有「要拯救眼前的患者」的念頭。到了此時，已經沒有患者是人還是貓的差別了。

研發夥伴X公司的人們原本應該是要徹底追求利益的企業人士，但似乎也變成跟我一樣不論如何「都想要拯救患者」的心態。

而我們這樣的意念，也帶動了本來不過是業務上受託代工製造之公司的台灣CRO（受託研究機構），他們也抱持非比尋常的熱忱來協助研發。

不過就在這時，卻第一次遭逢了無法像先前那般勉力克服、未曾有過的難題。

那就是新型冠狀病毒的全球大流行。

雖然二〇二〇年二月日本國內感染人數也開始增加，社會的危機感一點一滴地累積著，但到三月時仍與X公司的人員與台灣CRO召開定期會議（就連與台灣之間也變得需要採線上模式），針對治療效驗藥進行生產前最終確認。另外，關於治療效驗計畫與申請認證所需的試驗，也正與委託的日本國內CRO展開討論中。

不過，當四月七日發佈首次緊急事態宣言後，大學實際上已被關閉，就連捐贈講座也變得無法隨心所欲地進行貓藥所需的研究。

而更重要的是，受到消費急速降溫與對於店家、企業營業活動之自我約束的要求，對於以日本國內市場為主的企業在經濟上的打擊一天變得比一天更加沈重。那對於貓藥研發的贊助人X公司來說，也不例外。

由於X公司是規模龐大的公司，所以每月會累積莫大的赤字虧損。儘管如此，X公司的AIM負責人員還是拚命地摸索如何繼續援助貓藥研發計畫的方法。

然而，在新型冠狀病毒的兇猛威力面前，還是無法抵抗，而做出了「必須凍結治療效驗藥製造與之後所需費用提供」的決定。是在二〇二〇年六月初的事。

好不容易才將研發推進至此，到了「那麼，接著來生產治療效驗藥吧」的時候，卻發生被病毒給抽掉梯子的情況，我如墜深淵地眼前陷入一片漆黑。

當時，每天都會從拚命搜索AIM資訊、來自日本各地受腎臟病所苦之貓的飼主，收到「希望您能早日做出AIM藥物」的郵件。其中甚至還有來自海外的郵件。

對於如此飼主的期待與患貓所受的痛苦，該如何是好呢？對自己的無能為力不斷感到焦慮不安。X公司的人員們應該也覺得很遺憾吧。

開始與海外企業與投資人交涉

但我也不能就此短嘆長吁，混沌度日。

因為在束手無策的這段期間，一隻又一隻的貓正不斷因腎衰竭而死去。必須要想辦法推動貓藥研發才行。

於是，我先是重新聯絡從幾年前起就對AIM的人藥與動物藥兩方面，表示強烈興趣的歐洲製藥公司。

這間公司的動物藥部門與以人藥為主的總部是實質上獨立的，從很早之前便著手家畜用藥劑的研發。我先前也曾多次造訪該公司的動物藥研究所，進行過意見交換。因此，與幾位動物藥的研發負責人成為了朋友。

對於我的聯絡，他們馬上就展開了接洽討論。

只是，剛好那時候歐洲也同樣處於新型冠狀病毒的瘋狂肆虐下，許多研究人員已陷入無法到公司上班的狀態。

而更不湊巧的是，該公司的動物藥部門在那年夏天，便已決定要與美國的專攻動物藥的製藥公司合併，而成立新的公司。

想當然爾，正忙於進行整併所需作業，就算上門洽談貓藥研發的議題，似乎也很難作為新公司的計畫馬上啟動。

之後，兩間公司一如預定地實現合併，而我轉移到新公司的友人們也都理解著貓藥研發的重要性，現在也仍正在繼續進行討論。

另一方面，與總部位於美國的另一間動物藥的製藥公司，也透過高中的學長順利地接上線，而正開始與負責研發的人員接洽。

歐美的動物市場龐大，兩間也都是大企業，所以只要確定能與任一間進行共同研發的話，就能夠期待計畫能夠一口氣迅速進展。

相對地，大企業由於組織巨大的緣故，交涉與決策形成上都有費時的傾向。而且，全世界的製藥業界現在全都有志一同地投入新型冠狀病毒對策，疫苗、篩檢藥劑、治療藥物的研發需要大量的資源，處於就連動物藥部門也被抽調人力去幫忙的狀態。

或許是因為如此，與兩公司的接洽一直不能如我所意地進展。

所以，除了這些製藥公司外，我也不斷試著與有可能願意取代X公司，成為貓藥研發贊助人的個人投資者或投資公司聯繫。

在這方面，也有許多人幫忙介紹大量的可能出資對象。深感AIM實在是建立在與無數人的相遇之上。

先開發人用藥，再用於貓藥的開發

另一個戰略便是先早一步推動人類用藥研發，先製作人類的治療效驗藥，之後再應用到貓的治療效驗上，也思考著這樣的方法。

其實，成為貓藥研發之基礎的ＡＩＭ研究所獲得的成果，在二〇一九年秋天我的「人類ＡＩＭ新藥研發計畫」，入選日本研究開發法人日本醫療研究開發機構（ＡＭＥＤ）的「革命性尖端研究育成型開發支援計畫（ＬＥＡＰ）」，而獲得龐大金額的研究經費。

由於我已告別專科性，所以在日本不屬於任何學會。一直以來，國家級的大型研究經費都有著選擇實際業績獲得學會認可者的傾向，此次的人類ＡＩＭ新藥研發計畫卻是在沒有受到任何學會強力推薦下獲選。

這點就連申請研究經費的我本身也非常驚訝，但或許可以解釋成除了一直以來ＡＩＭ相關基礎研究獲得認可外，更重要地是實際地逐步研發貓藥，並以一己之力進展至決定治療效驗藥的生產條件，如此業績所發揮的巨大影響力吧。

人類ＡＩＭ藥的研發程序，跟一直以來與Ｘ公司千辛萬苦所進行之貓藥研發的程序幾乎是相同的，所以研究上也可期待能夠以飛快的速度來推進。製作人類的治療效驗藥，也與貓的治療效驗藥沒太大差異，都是使培養細胞製作ＡＩＭ，再將其逐步精製。

若是如此的話，就先推動人類的治療效驗藥，再將其直接作為貓用治療效驗藥來使用就好了。

想說這也不失為一種可能，便一邊想著貓的問題，一邊將ＬＥＡＰ的研究經費驅使到最大限度並推進著人類ＡＩＭ藥研發。

再者，雖然目前人類ＡＩＭ藥之第一標的為我心目中「不治之症」之首的腎臟病，不過ＡＩＭ強化體內「廢物清除功能」的作用也能夠活用在其他疾病的治療。

除了腎臟病外，我想同時作為ＬＥＡＰ計畫研究對象之疾病的是阿茲海默症。

阿茲海默症就像在第四章所曾描述過的，是由於呈不正常形狀的β澱粉樣蛋白，如此蛋白質碎片之廢物累積在腦中所引起的。雖然還未作為論文發表，不過也慢慢發現到該廢物也能夠成為ＡＩＭ的清掃標的。

因此，在本次的LEAP計畫中，將以腎臟病與阿茲海默症的攻克作為兩根支柱來推動研究。

除此之外，如前所述肝臟癌、肥胖與脂肪肝等，許多疾病可藉由AIM來控制的可能性也已藉由以小鼠所進行的實驗完成確認。

我確信著當透過AIM這樣單一種類的分子，就能夠治療至今所無法治療的無數疾病時，「專科性」、「一藥劑一疾病」這樣一直以來的醫療常識、高牆鐵壁將會開始裂解，而能夠大幅革新學問、疾病治療與藥劑的範式。

活化體內的AIM

就如同前面不斷提過地，起因於體內某種「廢物」囤積的疾病，是否會發病取決於廢物持續累積之速度與清除廢物之能力間的平衡。

就像在日常生活中一定會產生生活垃圾一樣，只要活著，體內就會形成廢物。那是無法阻止的事。

因此ＡＩＭ製劑的基本原理就在於若ＡＩＭ持續不足的話，就對身體補充ＡＩＭ，以使其排出的廢物能夠確實被去除。

雖然也可以採取直接注射ＡＩＭ來補充的方法，但心想著或許還存在著其他手段。

說起來ＡＩＭ本來就是在血液中結合於ＩｇＭ五聚體上，以不活性型的型態被大量儲存著。在前幾章的圖中是比喻為航空母艦，當生病時ＡＩＭ就會從母艦（即ＩｇＭ）緊急升空，來清除標的之廢物。

不過，此時體內所有的ＡＩＭ並不會一起從ＩｇＭ升空。雖然會依情況而有所變化，但血液中仍有數十百分比的ＡＩＭ仍會繼續緊緊貼合著ＩｇＭ。

也就是說，若能夠讓還緊貼於ＩｇＭ的ＡＩＭ脫離、活性化的話，一定就能夠獲得與從外部注射ＡＩＭ相同的效果。

如果ＡＩＭ的注射是朝戰鬥地區增派數艘航空母艦來增強戰力的

話，那麼人為地使不活性狀態的ＡＩＭ從ＩｇＭ脫離，就相當於將一艘航空母艦停機棚中待命的戰機全部派出。不管是哪種都是ＡＩＭ，所以效果是相同的。

出於這樣的構想，在前述ＬＥＡＰ計畫中，也與東大藥學院．新藥研發機構的岡部隆義特聘教授一起，進行了使ＡＩＭ從ＩｇＭ脫離、活性化之藥物的研發。

直接注射ＡＩＭ會比較適合病情如火勢猛烈燃燒時，例如急性腎衰竭（ＡＫＩ）等急性疾病、或接近尿毒症末期的腎臟病。

在那種情況下廢物會從體內以兇猛的勢頭排出，為了加以清除就會需要大量的ＡＩＭ。在ＡＩＭ注射的方式中，所添加之ＡＩＭ的量沒有上限，所以可一鼓作氣撲滅疾病所引發的火勢。

不過，若是在使ＡＩＭ從ＩｇＭ脫離、活性化的情況下，就無法超越體內本來所具備的ＡＩＭ總量。雖然說我們體內儲存了非常大量的

AIM，但還是有其上限。

所以，使既有的AIM活性化的方法或許就會比較適合慢性疾病，對於像是病情進展緩慢的慢性腎臟病（CKD）之發展期（階段一或二）、肥胖或脂肪肝等慢性疾病，定期地清除所囤積的廢物來阻止病情發展或加以治療。

作為疾病的預防——營養補給品的應用

這種方法除了疾病的治療外，也適用於讓疾病不發作的「預防」上。

就像只要定期使便器的水流動，便器就能始終保持在沒有污垢的乾淨狀態，在生病之前就用AIM將小型廢物清除乾淨的話，就不會有機會生病了吧。

如此一來，此方法可以說比起藥物更適合作成營養補給品。

從榴槤等所萃取出的成分

為什麼這麼說呢？在日本醫療中並未確立「預防藥」這樣的概念。既有的觀念是，藥是為了治療某種疾病所開立的，根本不應該對還沒生病的健康者開藥。

於是，就開始探索能夠活化ＡＩＭ的天然物質與食品添加物。

一開始進展並不順利，但在二〇一八年五月時發現榴槤所含物質具有使ＡＩＭ活性化、從ＩｇＭ脫離的作用（關於此點，在二〇二〇年七月時播放的ＮＨＫ晨間資訊節目「朝一」也曾報導過，引起一陣迴響）。

然後，近一步進行該成分的研究，在二〇一八年十一月鑑定為可使AIM活性化的食品添加物，而成功申請了專利（二〇二一年四月專利登錄）。

貓AIM的活性化——添加在飼料中

就像在第六章所曾提到過，不同於小鼠與人類，貓AIM與IgM的結合從一開始就過強，而導致AIM無法脫離IgM而活性化。所有的貓的腎臟惡化就是因為這個緣故，所以前面所研究之使AIM活化的成分，我原本以為「對於貓應該不會生效吧」。

不過，二〇二〇年十二月，剛好在我的研究室裡有貓的血清，就把找到的成分加到裡面，結果發現貓的AIM竟然從IgM脫離了。另外，也確認到添加與該成分相似物質也同樣會脫離。

這是發現「ＡＩＭ活性化」的手法也同樣能夠使用在貓身上的瞬間。

關於ＡＩＭ有許多都是像這樣「不經意」或「偶然」找到研究的突破口。

果然，不隨時張開天線三百六十度地觀察四周的話，就很容易會錯過重大發現了。

因此，以貓來說，從離乳後或從病狀輕微時便混在食物或點心中，使其經常性地攝取的話，便可期待預防腎臟病發作，或抑制其發展的顯著效果。

因此，我從二〇二一年起便與寵物食品公司接洽，並朝研發展開討論。

寵物食品當中，除了一般的飼料（一般食品）外，還有如機能性食品等各種種類，商品化所需的條件或所要做的試驗等各不相同。

不過，這次是以爭分奪秒地盡快將ＡＩＭ製劑送到苦苦等待之貓飼主手中為目的，所以把目標鎖定在作為一般食品的研發。希望努力在二〇二二年春天時販售，所以正拚命地在努力著。

為了盡快商品化，比較理想的是在既有的寵物食品當中加入使ＡＩＭ活性化之成分的模式，但此成分最初是從榴槤中發現的，所以有可能會散發獨特的味道與氣味。就算飼主覺得「對貓有益」而購入該寵物食品，但最重要的是，貓如果不肯吃的話也就沒用了。

於是，後來便打算將添加量限制在不會降低貓咪嗜口性的程度，同時再視在小鼠等實驗中有效並確保安全性之量的平衡來決定。

首先從添加有使ＡＩＭ活性化之成分的一般食品開始，在不斷累積更詳細的臨床試驗的基礎上，也想製作可以讓輕度腎臟病貓吃的處方食品。

當然，罹患重度腎臟病之貓所需的ＡＩＭ製劑，也是希望能夠盡早將其完成並問世。

對於新型冠狀病毒的反擊

新型冠狀病毒的大流行可能在本書出版時都還未止息。（編按：在此書繁體中文版出版時依然如此）此病毒是造成世界性大量死亡的兇惡存在，對我來說也是讓貓藥研發延遲的可惡對象。

由於我也是醫學研究者，從感染擴散變成嚴重社會性問題起，就一直想著「是否能夠用ＡＩＭ對新型冠狀病毒報一箭之仇呢」？

ＡＩＭ最大的效果就是對於身體所排出之廢物的清除機能強化。然後，新型冠狀病毒對人類來說絕對是外來的廢物。

那麼，ＡＩＭ是否能夠對來自體外的廢物發揮效果呢？

關於這點，二〇〇五年西班牙研究團隊所作的報告便指出：「ＡＩＭ會包圍並牢牢吸附在細菌上，如糰子般固化而減弱其毒性」。

新型冠狀病毒雖然比細菌更小，但ＡＩＭ會不會能夠附著在包覆病毒之基因的蛋白質外殼部分，形成糰子狀態而減弱毒性呢？

如果能夠實現這點的話，就能夠將ＡＩＭ作為鎖定病毒本體的藥劑來活用。

另外，當時也漸漸發現新型冠狀病毒傳染病有一定比例的患者會重症化，並留下無法恢復的各種後遺症。而只要不重症化的話，有許多人是僅有輕微呼吸道傳染病的症狀，這也是同時存在的事實。

簡單來說，如果能藉由ＡＩＭ的廢物清除機能強化的效果來確實防止重症化的話，就有可能可以阻止「醫療崩潰」的情況，像是醫院病床數不足，或是影響到對其他疾病患者的治療等。

不過，不同於對生物體無害的ＡＩＭ，要進行病毒的研究並不是件簡單的事。執行新型冠狀病毒之研究需要「ＢＳＬ３（生物安全第三等級）」（處理細菌．病毒等病原體之實驗室的分級。共有四級），而東大本鄉校區並沒有那樣的設施。

AIM對於新型冠狀病毒的效果

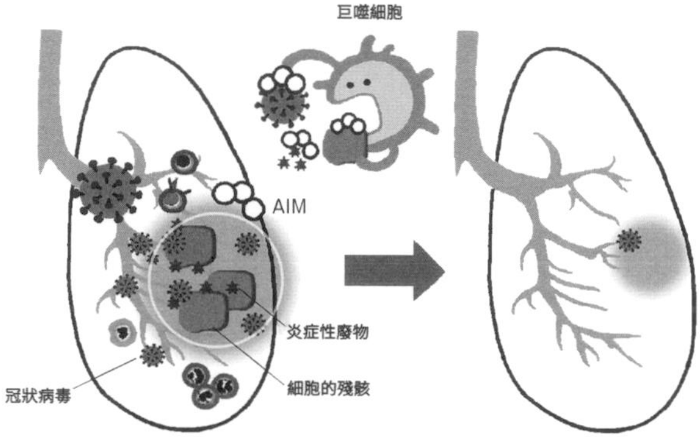

感染新型冠狀病毒的話，肺部中病毒會增生（病毒廢物）
和出現大量細胞殘骸（殘骸廢物）與會造成炎症的廢物，使肺炎加劇而重症化。
若AIM能夠將這些廢物一起清除的話，即便感染應也不致於重症化了。

去年還新增了「要在東大進行新冠病毒相關研究需要進行申請」的規定，而在依規定申請了ＡＩＭ對於新冠病毒之效果的研究後，不知為何被醫學院的審查委員會給駁回了。

不過另一方面，在國立傳染病研究所的研究員們與東京女子醫科大學醫院田邊一成院長的協助下，逐漸建立起在校外設施進行研究的體制。

並且，ＡＭＥＤ（國立研究開發法人日本醫療研究開發機構）對此研究計畫青睞有加，在「可對應新型冠狀病毒傳染病（COVID-19）之基礎研究的研發」領域的研究徵求中，採納了我申請的「藉由吞噬細胞所實現之抑制發炎與組織修復的新冠肺炎新治療法評估」研究課題，而提供了相關研究經費。

這下子就能了無牽掛地驗證AIM對於新型冠狀病毒的效果了。

另外，由於在日本國內不易對動物進行感染實驗與應用AIM的治療實驗，所以在與海外友人們多方商量後，就可以和加拿大的大學進行共同研究了。

科學家對於新冠防疫的態勢

說起來我根本不是傳染病或病毒的專家。而且，現在人類AIM研究主要的目標是腎臟病與腦病變，或許有人會認為既然獲選國家計畫之LEAP計畫，就應該專心在那上面。

不過，我一直認為對於現在這樣前所未有的緊急事態，所有的科學家都有責任認真地去思考自己的研究是否能以某種形式來為攻克新型冠狀病毒做出貢獻。若光說：「因為我不是傳染病或病毒的專家」，然後事不關己般沉默著的話，甚至會覺得以科學家來說就太不負責任，這也太卑鄙了。

我們醫學系的科學家不能像電視連日報導的一般，光是進行感染擴散的模擬、呼籲社會注意而已，尤其應該要做的是傾組織之力來推動治療藥的研究。

在哥倫比亞大學長年持續研究動脈硬化研究的醫學家朋友，在二〇二〇年夏天便暫時中斷自己的研究，而開始研究對於新型冠狀病毒之免疫反應，我對此相當訝異。他清楚表示：「在哥倫比亞大學是整個學校在對抗著新冠！」

相較於此，日本的大學實在很難讓人覺得有「以組織整體來挑戰新型冠狀病毒研究」的態勢。

甚至就連日本整個國家也可說是同樣的。

就算到現在，日本國內也幾乎沒有能夠進行動物感染治療的設施。

明明從病毒感染開始擴散已經超過一年以上了，為什麼沒有在國家的主導下建造大型研究設施呢？日本真的有心要憑自己的力量來對抗新型冠狀病毒嗎？對此變得非常悲觀。

然而，現在只能做自己所能做的事。於是，便決定以與海外的共同研究為中心，推進AIM對於新型冠狀病毒之效果的驗證。

藉由LEAP所推進的AIM製劑正在研發當中，所以如果對於新型冠狀病毒的效果獲得認可的話，馬上就能夠著手準備進行治療效驗（臨床試驗）。總而言之，只能埋頭苦幹了。

不浪費原地踏步的時間

AIM新藥研發雖然還在半路上，但已經看得見完成的前景。

如果以登山來說的話，應該算是朝最高點邁進正要發動最後攻頂前。

雖然遭遇了新型冠狀病毒這樣的大敵，但我絲毫沒有想過要放棄。反倒是，短暫的原地踏步讓我有時間能夠細細回顧一直以來的經過。

這段時間並沒有被白白浪費掉，而是用在確立曾是「不治之症」腎臟病的治療方法，好讓全世界的貓與飼主們都能夠快樂。

另外在住院醫師時期，只能在旁邊眼睜睜地看著患者逐漸衰弱至死，為了攻克其原因與各種疾病，就算今後前方會有怎麼樣的困難等著我也絕不會屈服，會一直持續研究ＡＩＭ。

• 在本書日文初版原稿校稿時期，貓的腎臟病治療研發是處於中斷的狀態，而在出版前的二〇二一年七月，時事通訊社的網路報導介紹了本書大意後，引發廣泛迴響，獲得多方人士的支持與援助。拜此所賜，藥劑研發的再啟動也有了著落。實在是打從心底感謝大家的幫忙。（二〇二一年十月）

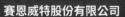

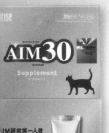

i生活 33

貓如果能活到三十歲：能夠治癒無數喵星人的蛋白質「AIM」世紀研究

猫が30歳まで生きる日 治せなかった病気に打ち克つタンパク質「AIM」の発見

作　　者　宮崎徹
譯　　者　林鍵鱗
審　　訂　鍾承澍
封面、版型設計　FE設計　內文排版　游淑萍
副總編輯　林獻瑞　責任編輯　李岱樺

社　　長　郭重興　發行人　曾大福
出 版 者　遠足文化事業股份有限公司　好人出版
新北市新店區民權路108之3號6樓
電話02-2218-1417#1260　傳眞02-2218-0727
發　　行　遠足文化事業股份有限公司　新北市新店區民權路108之4號8樓
電話02-2218-1417　傳眞02-8667-1065
電子信箱service@bookrep.com.tw　網址http://www.bookrep.com.tw
郵撥帳號 19504465　遠足文化事業股份有限公司
讀書共和國客服信箱：service@bookrep.com.tw
讀書共和國網路書店：www.bookrep.com.tw
團體訂購請洽業務部(02) 2218-1417　分機1124
法律顧問　華洋法律事務所　蘇文生律師
印　　製　中原造像股份有限公司

出版日期　2023年5月29日初版一刷
定　　價　420元
ISBN　9786267279076（平裝）
9786267279168（PDF）
9786267279175（EPUB）

國家圖書館出版品預行編目(CIP)資料

貓如果能活到三十歲：能夠治癒無數喵星人的蛋白質「AIM」世紀研究／宮崎徹作；林鍵鱗譯. -- 初版. -- 新北市：遠足文化事業股份有限公司好人出版：遠足文化事業股份有限公司發行,
2023.06
240面；　公分. --（i生活；33）
譯自：猫が30歳まで生きる日 治せなかった病気に打ち克つタンパク質「AIM」の発見

ISBN　9786267279076（平裝）

1.CST: 貓 2.CST: 腎臟疾病

437.365　　112005572

讀者回函QR Code
期待知道您的想法

BOOK REPUBLIC
讀書共和國出版集團